别输在
情绪管理上

闫秀文　马丽婷 ◎ 编著

北方妇女儿童出版社

·长春·

图书在版编目（CIP）数据

别输在情绪管理上 / 闫秀文，马丽婷编著 . -- 长春：
北方妇女儿童出版社 , 2019.8
　ISBN 978-7-5585-3274-0

　Ⅰ . ①别... Ⅱ . ①闫... ②马... Ⅲ . ①情绪－自我控
制－通俗读物 Ⅳ . ① B842.6-49

中国版本图书馆 CIP 数据核字 (2018) 第 292700 号

别输在情绪管理上

BIE SHU ZAI QINGXU GUANLI SHANG

出　版　人	刘　刚	
策　划　人	师晓晖	
责 任 编 辑	关　巍	
排 版 制 作	璐语文化	
开　　　本	880mm×1230mm　1/32	
印　　　张	6	
字　　　数	120 千字	
版　　　次	2019 年 8 月第 1 版	
印　　　次	2019 年 8 月第 1 次印刷	
印　　　刷	阳信龙跃印务有限公司	
出　　　版	北方妇女儿童出版社	
发　　　行	北方妇女儿童出版社	
地　　　址	长春市龙腾国际出版大厦	
电　　　话	总编办：0431-81629600	
	发行科：0431-81629633	

定　　　价　32.00 元

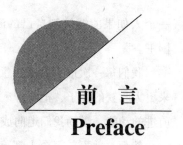

前　言
Preface

　　每个人在不同的时间、不同的环境，都会有不同的心情，开心、快乐、愤怒、失望、忧郁等，正因为人可以有这种种心态，才造就了不同的人生。积极的人快乐地生活，消极的人痛苦地生活。而面对不良情绪的表现也能决定人生的成败。

　　一个人如果能控制自己的情绪和欲望，那他就能胜过国王。情绪就是心魔，你不控制它，它便会吞噬你。

　　当然，人的精神承受能力有一个极限，而这个极限往往会受生理条件，比如年龄、阅历等的影响。能够控制好自己的情绪，是一种能力。一个人不可能永远处于积极情绪中，人生有苦难、挫折，生活中有烦恼、焦虑，它们会让人滋生消极情绪。一个人心理成熟，不代表他没有消极情绪，而是他善于调节和控制自己的情绪。

　　英国诗人约翰·米尔顿说："在成功的路上，最大的敌人其实并不是缺少机会，或是资历浅薄，成功的最大敌人是缺乏对自己情绪的控制。愤怒时，不能制怒，使周围的合作者望而却步；消沉时，放纵自己的萎靡，把许多稍纵即逝的机会白白浪费。

一个人如果能够控制自己的激情、欲望和恐惧，那他就能胜过国王。"

我们每一次遭遇的不如意，且因此产生的痛苦情绪，都是带来更大收获的种子，把它埋入我们充满潜能的内心中，将它化为前进的动能，激励我们走向成功。

然而，并不是每个人都善于转化自己的情绪，有些人在追逐成功的路上烦恼忧愁、满心伤痕、痛苦不堪，却找不到转化情绪的方式、排解痛苦的方法，因此他们失去了拥有正能量的机会，与成功失之交臂。

情绪自控力差的人，生活中的一点小挫折就可能将他打败，将他从光明的坦途拉进黑暗的深渊。由于情绪管理能力差，这类人常常脾气暴躁，导致理智被情绪遮蔽，任由愤怒左右他做出后悔莫及的事情。

我们控制情绪的目的在于，不要让自己的心迷失在情绪中。因为一旦那样，即便是一些正能量的情绪，也会带来诸如"得意忘形"的结果。

对于每一个人来说，在日常工作和生活中，学会控制自己的情绪是一项不可或缺的本领。拥有这项本领的人，往往理智占主导地位，遇事能放眼全局，考虑问题较为全面，所以做出的决定往往是正确的；没有这项本领的人，往往情绪占主导地位，遇事只关注某一个利益点，考虑问题较为片面，所以做出的决定往往是错误的。所以，我们每一个人都应该控制自己的情绪，遇事时让理智占上风，而不是被情绪牵着鼻子走。

‖ 目 录 ‖

第一章

愤怒是有代价的

　　生气就好比用别人的过错来惩罚自己的蠢行。一个不会愤怒的人，是无能的人，一个只会愤怒的人，是愚蠢的人，一个能够控制自己情绪、理智地应对一切的人，才是聪明的人。聪明人之所以聪明，就在于他们善于利用理智，将情绪引入正确的发泄渠道，用理智驾驭情感。

生气只会让事情更糟糕

在日益忙碌的现代生活中，生气和愤怒无处不在：朋友间的隔阂反目，夫妻之间的吵架拌嘴，下属对领导的抱怨，老板对员工的指责，孩子顶撞父母，父母责骂孩子，饭店里顾客对上菜速度慢破口大骂，地铁中的两个上班族因为踩了对方的脚而大动干戈，甚至，上班途中的交通拥堵也能让我们坐在车里心神不宁、满腹牢骚……

常言道，生气是魔鬼。生气会直接影响人们理性的判断，常常使人思维混乱，强烈的愤怒情绪更会让人失去理智，不考虑后果，然后生气这个魔鬼便会吞噬你仅有的理智，酿成毫无回转余地的结局。台湾已过世的佛学大师圣严法师曾说过这样的话："生气不能解决问题，只有用慈悲心或是用智慧来处理，才能真正解决问题。"

小玲曾是一家大型德资企业的高级白领，在公司里，她的能力是有目共睹的，无论是工作能力，还是业务总量，她都处于公司的一流水准，上司对她也极为肯定。短短两年，小玲便坐上了部门副经理的位置。同事们都喜欢小玲的热情大方和率直自然。

俗话说，成也萧何，败也萧何，慢慢地，同事们发现小玲率直过了头。小玲有时候过于情绪化，不论对谁，只要她看见不对的地方，就不加保留地指出来，让人感觉有点难受，所以小玲在公司人缘很好，但是交心的朋友一个也没有。

去年，公司提拔了一个新来的同事。小玲生气极了，无论是资历，还是能力和业绩，对方都不如自己，公司只有这样一个名额，要提拔也应该提拔自己啊。小玲越想越生气，于是气呼呼地跑到上司的办公室去质问，并与上司理论起来，得理不饶人。虽然上司那儿早已准备了一堆理由，还是被小玲质问得非常狼狈。

从那以后，上司对小玲的态度就有了 180 度大转变，还时常给她穿小鞋。小玲想不明白，为什么自己能力这么强却得不到升迁？为什么上司要处处刁难自己？于是小玲的情绪受到影响，每天都没有好脸色，同事们也不敢轻易同她说话了。

人都有自尊，纵使上司犯错，小玲是对的，但冲撞了上司总没有好果子吃。与其生气质问，不如收起自己的愤怒，踏踏实实工作，是金子总会发光的，而生气只能把自己推向一种不可回头的地步。

生活中不如意之事十有八九，与其大动肝火，不如冷静地想一想，为什么我们的生活会不如意？生气真的有必要吗？生气真的可以解决事情吗？我们为何要把时间浪费在无谓的生气与争执当中呢？

　　小峰来北京两年了，在这家公司也工作两年了，但是最近小峰对这份干了两年的工作怨恨极了。在一次老乡聚会中，他愤愤地对朋友说："我勤勤恳恳地工作，起早贪黑，加班加点，老板却忽略我的存在，真是气死我了，真想哪一天跟他大吵一回，然后炒他鱿鱼。"

　　朋友问："你们公司主攻哪方面的市场啊？"

　　小峰说："国内市场不景气，主要还是走国际市场。"

　　朋友问他："那你对于公司所做的国际贸易的技巧和方法完全搞通了吗？"

　　小峰抱怨着："还没有呢，老板只让我打打杂，什么也不教我。"

　　朋友循循善诱："君子报仇十年不晚嘛，我建议你好好地把他们的贸易技巧、出货渠道、合作伙伴和公司组织完全搞通，甚至连怎么修理传真机的小故障都学会，到时候再辞职不干，你也狠狠赚了一把。把公司当作免费学习的地方，学业有成之后和那可恶的老板狠狠地吵一架，然后一走了之，不是既出了气，又学到很多经验？"

　　小峰觉得朋友太有才了，平时闷葫芦一个，原来还是很有心计的，于是听从了朋友的建议，从此便默记偷学，常常下班之后，还主动加班研究商业文书的写作方法。

　　一年后，小峰又遇见了那位朋友。朋友问道："你现在对公司的业务多半都学会了，准备拍桌子不干了吗？"

　　小峰满面春风："可是我发现近半年来，老板对我刮目相看，最近更是委以重任，升官加薪，我都成为公司黑马啦！"

朋友欣慰地笑了："生气是解决不了问题的，要是当初你一气之下一走了之，就没有今天的成绩了吧，哈哈。"

有人认为忍让无争，是十足的懦夫行径，殊不知遇事能忍的人才是真正具有大智大仁的人。压制住自己的怒火，忍辱负重，有时候是解决问题的最好方法。

▌咆哮会起反作用

回想一下，我们小时候，面对家长、老师近乎咆哮式的疾风骤雨般的批评，我们是虚心接受知错就改呢，还是口服心不服呢？大部分人都是后者吧。小孩子尚不能接受这种咆哮式的批评，更何况成年人呢？

对方犯错了已经是一个事实，你失望，你气愤，顿时怒从胸中起，恶向胆边生，怒发冲冠，怒不可遏，眼看一场暴风雨就要来临了。暂停，其实我们冷静下来想想，你咆哮着批评，可以挽回错误吗？能让对方心服口服吗？

这天小美的手机里收到一条知名电视节目的祝贺短信，说是小美中了二等奖，奖金两万元，只等着小美上网验证呢。于是小美在骗子的甜言蜜语下乐得团团转，而等小美的丈夫刘沛回家的时候，小美早就给对方的卡上打了两千块钱。刘沛一听说这样的事，立马破口大骂："天哪，世界上真有人会相信天上掉馅饼的好事，你真笨得像头猪！"

小美这才恍然大悟，自己被骗了，被丈夫奚落了一顿后，心里特别生气，饭吃一半也不吃了，噘着嘴去房间玩游戏了。刘沛想想为两千块钱真是不值，批评也批评过了，骂也骂过了，就开始哄小美吃饭。他说："快吃饭吧，你看噘着嘴多难看。"并且把手里的镜子放在她面前。谁知小美拿过镜子，一下子摔得粉碎。

这时，刘沛心里特别不好受，他最烦别人生气时摔东西了，小美自己错了，被人骗了钱还有理了，竟然还摔东西。刘沛越想越气："摔东西谁不会啊，你不是摔镜子吗？看看我摔什么。"刘沛扫了一眼桌子上的东西，抓起了盘子狠狠地摔在了地上，"咣当"一声，盘子粉身碎骨，连刘沛自己都吓了一跳，但是小美却没多大的反应。

于是刘沛更气了，气呼呼地说："你会生气，我也会，大家一起摔好了。"小美还是没有反应，只是在那儿默默地玩起了游戏。

刘沛见小美还不理他，气红了眼，就走到小美面前，一把夺过笔记本电脑，说着："叫你玩电脑！"一下就摔到了地上……

对方明明做错了，你咆哮着批评，可是对方还是不认错，还是不道歉，还是不能心服口服，这时我们该反省一下，是不是我们自己的批评方式有问题。

著名教育家马卡连柯说过："批评不仅仅是一种手段，更应是一种艺术，一种智慧。"批评不是让对方去怨恨我们，所以我们要创造一种和风细雨式的批评环境，这种润物细无声的教诲，会让你收到意想不到的效果。

小齐是一家装潢公司的主管，熟读《孙子兵法》，对驭下之道有自己的看法。

每当小齐发现有人工作态度欠佳，或者是出差错时，聪明的小齐不会当面严厉地批评，而是在下班后把下属叫到办公室，然后亲切地问他："最近你家人还好吗？没有什么令人担忧的事情吧？在我的印象里，你一直都是工作热情高、技术不错的人，把工作交给你，我很放心，希望今后你能再接再厉。"

听了他的话，员工们一般都早已羞红了脸，于是非常诚恳地跟小齐道歉，在以后的工作中也更加尽心尽责。小齐就是运用这种策略，把他自己负责的部门管理得秩序井然。

面对犯错的员工，就像这位聪明的主管一样，我们根本用不着去训斥对方，而是应该委婉建议，给批评包上"糖衣"，从而让对方知错改错。这样既照顾了对方的面子，又鼓励了对方，还为自己赢得了好名声，而对方改错的效果更是立竿见影。

对着干一点好处没有

生活中的小摩擦是家常便饭，如果心宽一些，很多事就会大事化小，若是处处强硬，就容易小事变大。

小雨大学毕业以后，和同班同学一起应聘于北京一家食品公司，搞产品营销，公司提出三个月的试用期。

可是三个月过去了，小雨还没有接到正式聘用通知，而小雨的同学却早在一个礼拜前，顶头上司就让他签了就业协议，成了公司正式的员工。可上司对于自己呢，不仅没有签合同的意思，而且还处处刁难自己，交给自己根本不可能完成的任务，简直是太不公平了。

这天，上司又怒气冲冲地责怪小雨没有把任务完成得漂亮一点。小雨再也受不了了，一怒之下愤然提出辞职。上司压下怒气，请小雨考虑一下，可是小雨越发火冒三丈，说了很多对公司、对上司抱怨的话。

于是上司失望地告诉他，其实公司不但已经决定正式聘用他，还准备提拔他为营销部的副主任。但是现在小雨这么沉不住气，真是太令人失望了，公司无论如何也不能再用他了。

走出公司大门，涉世未深的小雨终于明白，因为自己的不理性而白白地丧失了一个好机会。

　　人与动物的最大区别就是智力发达，情感丰富。所以，我们要用理智来控制情绪，否则，不仅伤害到了别人，更会给自己带来无尽的麻烦。以暴制暴，以怒制怒，不仅达不到自己所期待的效果，反而会适得其反。

　　快到端午节了，一天早上，小王和老婆商量给在老家的父母寄个红包，小王认为自己就过年才回一次家，所以想寄五千元，而小王的妻子觉得最近手头有点紧，三千元就足够了，两人为此大吵一通。

　　最后，小王摔门而出，在上班的路上总觉得看什么都不顺眼，心情糟糕透顶，妻子怎么这么不理解自己的心情呢？

　　小王气呼呼地来到了办公室，却看见销售部的张经理正和下属们聚在一起说说笑笑。于是小王大主管的脾气一触而发，这大早上就开始聊天真是太气人了。

　　"小张，公司请你来做事，还是请你来讲笑话的？"平常都叫"张经理"，现在是直呼其名，可见小王真生气了。

　　"老大，我是在安排今天的工作。"小张委屈地辩解。"老大？什么老大？你以为这里是黑社会啊？"小王对着小张越吼越凶。小张为自己莫名其妙地挨批非常生气，想想自己在外面累死累活地做事，在公司还要受这样的气，这哪里是人过的日子？于是，就和小王争吵了起来。架越吵越大，同事们怎么劝也劝不开。

后来，小张觉得这领导简直不可理喻，一气之下辞职走人，而小王也从此失去了一个得力助手。

在平时的生活、工作、处事中，我们要想远点，度量大一点，要学会息怒，不要拿别人的错误来惩罚自己。

▌ 吵架是最无用的宣泄

专家建议的股票跌了，因合作伙伴的暗中作祟生意失败了，被老板炒了鱿鱼，邻居家的狗把孩子咬伤了……如果你遇到这些情况，也会有发疯的感觉吧。面对这些惨不忍睹的情况，很多人常常会怨天尤人，或者与对方好好地干上一架，以解心头之恨。

我们不难想象，在愤怒的情况下，人特别容易失去理智，因此会造成无可弥补的伤害。在面对突发事件时，我们一定要保持冷静，学会稳定自己的情绪，并且客观地做出分析，其实只要我们稍微忍耐一下，所有的事情都会轻而易举地找到解决方案；而一味地吵架，最后不仅问题没有解决，还落得个两败俱伤。

三年前小童南下打工，算算时间，在广州这家公司上班也已经两年半了，小童自认为没有功劳也有苦劳，但是好几次要求加薪都被公司拒绝，小童想着此处不留爷自有留爷处，就产生了辞职跳槽的想法。

一天，他生产出来的模具配件不合格，所以他将几块不合格的模具钢板放入炼火炉里重新回炉。随后去找老板商量辞职一事，不料被老板臭骂了一顿，说小童一会儿要加薪一会儿要辞职，这是打算要挟公司吗？小童听了很生气，想着反正自己也不想在这公司干了，不如撕破脸皮，索性与老板大吵大闹起来。两个人都用最大的声音来辱骂对方，最后小童被同事给劝出来了。走出老板的办公室，气急败坏的小童顿时萌发了报复的念头。

小童回到模具部后，将公司配给他使用的电脑的内存条、主板、显卡等砸坏，并带走电脑硬盘。离开公司时，小童想起炼火炉里还有模具钢板正在回炉，本想将它们拿出来以免烧坏，但又想到老板刚才对他的态度，小童对钢板置之不理，致使价值五万余元的模具钢板被严重烧坏。

小童幸灾乐祸地离开了公司，辗转到另一家公司上班。一个多月后，小童收到了原来老板的起诉，同时而来的，是一场原本可以避免的官司。

有些人生气时喜欢毁坏物品，如果物品是自己的，等气消的时候还得花钱再买。如果是别人的东西，那就不仅仅只是花点钱的问题了。所以，与他人吵架的时候，最好冷静一下想一想，吵架有必要吗？吵架会不会带来什么不必要的麻烦？这样所有的利弊都考虑清楚了，这架还能吵得起来吗？

自从两年前举家由吉林迁到北京后，小邵原以为一家人的日子会越过越红火，但没想到因为孩子的教育问题，自己和妻子频繁地吵架，夫妻关系日益恶化。虽然在北京这个大城市里，工资比以前高了，生活条件也比以前好了，可是小邵找不到以前的快乐了。

一天傍晚，小邵像往常一样心急如焚地等着儿子回家，并不由自主地埋怨妻子太溺爱孩子，所以导致孩子现在越来越叛逆，越来越不听话，学习成绩也直线下降。

妻子辩解："孩子不爱上学只是我的错吗？你管过孩子吗？"

小邵一听妻子这样说就来气了："我辛辛苦苦在外面打拼，养家糊口，你就不能把孩子管好一点？"

妻子也不示弱："那以后你看孩子，我再也不管了。"

吵架的声音越来越大，夫妻俩谁也不让谁，连邻居都来劝架了，儿子从网吧回到家，一见父母吵作一团，也知趣地躲进屋内。

后来，妻子一气之下回了老家吉林，而小邵在北京一个人带孩子实在是吃不消了，他想让妻子回来，可是妻子那边还生着气呢。

夫妻之间，小吵小闹或许可以增进感情，给乏味的生活增添一点调味剂，可是长期的频繁的吵架就不可取了。家是一个让人感到温馨的地方，为什么相爱的两个人，非得用曾经亲吻的嘴来吵架呢？既然在一起，就好好生活吧。生气和吵架并不能解决问题，反而会招致严重的后果，使感情出现裂痕甚至完全破裂。

生气时，犯错的概率大大增加

走过弯路，我们才知道通往目标的捷径；犯过错误，我们才明白人一辈子犯的错误，往往是由生气导致的。生气让我们情绪失控，失去理智，铸成大错，从而做出一些回过头来会后悔不迭的事情，而这样的事情不仅给别人带来了伤害，也伤害到了自己。有人说过，如果我们的人生可以重来，那么每一个人都可以成为伟人。

小郝是一名白衣天使，在当地第一人民医院工作。

有一天，小郝到了医院发现钱包不见了，回想起来，原来早上乘公交车的时候，有一个人撞了她一下，小郝想那人肯定是小偷，偷走了自己的钱包。钱包里钱虽然不多，但是身份证、银行卡都在里面，一一补齐很麻烦。于是小郝又气又急，做什么事都没有精神。

那几天正是处暑，中暑的人特别多，所以医院特别忙，病人多，又很吵。年轻的小郝脾气变得暴躁极了，结果和病人发生了口角。事后护士长很严肃地批评了她，并给小郝记了大过。

后来小郝回到家后，发现自己的钱包好好地待在书桌上，原来自己早上出门根本没有带钱包。小郝开始反省，其实错的真的是自己，带着情绪上班本来就是失职的表现，而自己居然还跟病人吵架，真是太失职了。

喜欢生气的人是世界上最傻帽的人，人一生气，就说傻话，做傻事。人只要生气了，对自己好的话偏不说，对自己不好的话却偏要说；人只要生气了，对自己好的事偏不做，对自己坏的事却偏要做。如果我们都凭着心情好坏来做事，无论在工作上还是生活上，很多事都会被我们弄得一团糟。

一天，97路公交车开到新华路的一个站时，上来一个乘客，车子刚要启动，只听得公交车外面有人猛拍车厢，司机又停下了。

车门开了以后，上来一个中年男子，冲着司机气冲冲地嚷道："门关得这么快做什么？"司机回应："我怎么知道你在后面啊？""你不看的啊？""我就是没看见，谁叫你没站在站牌下。"

后来，司机生气地继续开车，还突然把车速加快。那时正值下班高峰期，车上的乘客无不心惊胆战，生怕司机走神，开不好车。

生活中的事情时刻影响着我们的情绪，如果我们都按照自己的情绪去做事，那办事的质量岂不是要大打折扣？所以，当坏情绪来临的时候，请努力转移一下视线，想想那些开心的事，不让坏情绪影响到我们正在做的事情。

那天是周五，本来心情还好好的，但一看见桌子上的那一大堆要处理的文件，雨蓉的心情陡然变得压抑起来。领导也太可恶了，这么多任务，怎么做得完，况且今天还是周五。雨蓉越做越烦，越想越气。

吃过饭后，雨蓉去厕所，猛然看见镜子中的自己竟然一副怒气冲冲的样子。雨蓉想：这还是我吗？我在同事眼里不是一个爱笑的人吗？于是雨蓉对自己做了个鬼脸，调整了烦躁的心情。她告诫自己，还是尽量平和心态，带着好心情工作吧！

任凭自己情绪的好坏去支配事情是缺乏理智的。我们要懂得如何调控自己的情绪，只有管理好自己的情绪，才能掌控生活。

▌气大伤身，怒火伤肝

中医有"怒伤肝、喜伤心、忧伤肺、思伤脾、恐伤肾"的说法。不良情绪就像是一剂毒药，使我们心跳加快，呼吸急促，咬牙切齿，还会让我们精神紧张，脸色变得苍白，浑身发抖。医学家说，一个经常冲动的人，心脏、大脑和肠胃都会受到严重的损害。

《红楼梦》里的林黛玉，在"风霜刀剑严相逼"的贾府，她不像薛宝钗那样曲意逢迎、八面玲珑，而是经常郁郁寡欢，夜不能寐，身体一直欠佳。当她听说贾宝玉与薛宝钗结婚时，便一气之下，悲愤而逝了。

《三国演义》里，周瑜是一个心胸狭隘、嫉贤妒能的典型，当他发现诸葛亮的才智远远超过自己，便想方设法谋害诸葛亮，结果被诸葛亮气得吐血身亡，绝命时发出"既生瑜，何生亮"的仰天长叹。

遇到不公平的待遇，受到不合理的批评，或者被人误解受到委屈时，人们常常喜欢生气，把自己的愤怒一泄而空。结果，你控制不了情绪，让人觉得你是个不稳重、不可担大任的人，并且影响着你的身体健康。心理学研究表明，脾气暴躁，不仅是心脏病的致病因素之一，而且会增加患其他病的可能性。

小文是个乖巧文静的女孩，善解人意，在学校是公认的老好人，参加工作后与领导、同事相处得也很融洽。

近几个月来，小文总是莫名其妙地头疼，可是到医院做过各种检查均无异常。在医生的建议下，她走进了医院的心理咨询诊室。经过心理医生的帮助，小文终于意识到自己头疼的病因。

原来，半年前，办公室新调来一个女孩，人很聪明能干，就是嘴巴不饶人，说话刻薄。一次，两人一起合作的项目出现了错误，责任原本各占一半，但是对方嘴巴厉害，让不知情的人以为小文才是应负主要责任的人。于是小文感到很委屈，很愤怒。可是性格内向的她不允许自己当众与对方争吵。于是，小文含着眼泪强把怒气压了下去，于是头疼不招自来。

凡事要将心比心，就事论事。若我们可以站在对方的角度来看问题，那么有很多时候，你会释怀，气自然也就消了。气消了，开开心心的，我们的身体也就倍儿棒了。

独自生闷气并不会伤害到折磨你的人

有一种人喜欢把气撒在别人身上，于是城门失火，殃及池鱼，身边的人便成了他们的受气包；另外一种人，喜欢对自己发脾气，把气憋在心里，自己和自己过不去，自己折磨自己。

我国古代医书上就写着"百病之生于气也"。不愉快的情绪可以使人内分泌紊乱，胃口不佳，消化不良。长期烦闷苦恼，还会导致人的血压升高，记忆力减弱，这样必然会影响工作和学习。

小丽曾经是一位白领，在一家外贸公司经过五年的摸爬滚打，终于在公司担任了重要职务，她很胜任这个职务，处理起日常事务来，驾轻就熟、游刃有余。可是最近，小丽感觉到压力巨大。

原来去年年底，部门来了一位年轻的女同事，她有想法、有活力、有冲劲，很快得到了公司上下的认可，短短的一年，居然获得了与小丽同样的职位，而小丽发现自己渐渐地不再受领导重视了。因此，小丽一到公司就觉得心烦抑郁。

由于工作上不顺心，小丽想把心里话说给丈夫听，可是丈夫太忙，夫妻俩好久没有好好促膝长谈了。这样一来，面对工作上的压力和生活中的烦恼，小丽就常常把自己关在屋子里生闷气。上个月，小丽总感到头晕目眩，还感到胸闷。于是小丽到医院检查，身体却无恙。医生询问了小丽的情况后，就给她开了一张心理处方：头不晕胸不闷，生闷气要不得。

我们平时生活安逸，舒适惯了，所以稍遇一点儿小波折就经受不了，被苦恼缠住，不得解脱。困难来了，如果我们毫无心理准备，那么就只有苦恼生气和叹息的份儿了。

小郑的女友欣欣老爱生闷气，生气的时候板着脸，嘟着嘴，一声不吭，叫她吃饭也不吃，请她出去散散心也不搭理，小郑苦恼极了。其实欣欣生气的原因都是工作和生活上的琐事。

小郑是一个碰到问题就希望马上讨论，找到解决办法的人。欣欣则与小郑相反，一碰到困难就闷闷不乐，心情不好时一切就都变得不好。小郑在欣欣生气时就开始劝她，劝不动时就变得不耐烦，于是欣欣就更生气了。

欣欣叫小郑在她生气的时候不要管她，任凭她生气，过一阵她就好了。但是常常发生他们明明约好出去玩却因为她生气而泡汤的事情。而且，小郑觉得自己总不能在她高兴的时候招之即来，生气的时候挥之即去吧。

这天，欣欣回家时，又是一脸的不高兴。原来，今天欣欣被老板狠狠地 K 了一顿，而这根本不是欣欣的错，欣欣说这话的时候，眼泪汪汪的。

小郑说："欣欣，这是你老板的错，不是你的错。可是事情既然已经发生了，就不要再想了，总不能让你老板给你赔礼道歉吧。本来就难过，生气又伤了身体多不值。"

有时候，我们常常为一点儿小事生闷气，给自己添堵。其实，遇到不愉快，我们不妨换个角度看问题。既然改变不了事情，就改变心情吧，多劝慰自己，千万不要钻牛角尖。可以找个好朋友聊聊，或者外出散散步，看场电影，做做运动，给自己找点乐子，这样心情会好一些。只要你想明白了，一切就都顺利了！

‖ 生气时最好不要做任何事

在人生的道路上，每一次选择，都应当谨慎对待，千万不要在愤怒时做任何的决定。

有一个男人的妻子因为难产死了，留下孩子没人照顾。但幸运的是，他家的大狗非常聪明。于是，男人就将看护婴儿的重任交给了大狗。

有一天，男人很晚才拖着疲惫的身子回到家。可他一进门就看到跑过来迎接他的大狗的嘴上都是血。他吓坏了，难道大狗兽性大发吃掉了宝宝吗？于是，他急忙跑到床边一看，没有宝宝，只有一滩血迹。男人气疯了，他抓起棍子将大狗打死了。

谁知，床底突然传来了孩子的哭声。男人看到宝宝，才知道自己错怪了大狗。他四处查看，发现墙角躺着一匹死了的狼。再看大狗，后腿已经被严重地咬伤了。原来，男人不在家，有条狼偷偷地进来想吃掉孩子，是大狗勇敢地冲上前咬死了狼，救下了孩子的性命。男人想明真相后，哭得非常伤心，他非常后悔，但一切已经晚了。

这样的悲剧为什么会发生？很显然，是因为男人的理智被愤怒击溃，以至于忽视了最为基本的判断，也忘了去认真地核实。实际上，这可以称得上是人类的通病。据心理学家的研究，当人处于愤怒状态时，其智商会大大降低。由于愤怒，人们往往会做出极其愚蠢的决定，有时甚至是相当极端的决定。其实，在成功的道路上，最大的敌人并不是缺少机会，或是资历浅薄，而是缺乏对自己情绪的控制。

现代生活的节奏越来越快了，这样的快节奏生活让很多人的心态也变得越来越焦躁，越来越难以用一种心平气和的状态来对待身边的每一个人、每一件事。就拿 2010 年一月初发生在北京市大兴区的灭门惨案来说，犯罪嫌疑人与受害者本来还算是朋友，在惨剧发生的前一刻两个人还在一起饮酒聊天。而犯罪嫌疑人却以"大量饮酒所致,而且死者之一申某经常用言语'挤兑'他,说他'混得没有自己好'"的理由作为自己野蛮兽行的解释,很明显这起惨案只是因为几句话引起的怒火造成的。可见,一个人如果不能息怒平心,后果是多么的可怕啊!

在古老的西藏,有一个叫爱地巴的人,每次和人起争执生气的时候,都会以最快的速度跑回家去,绕着自己的土地和房子跑3圈,然后坐在田边喘气。爱地巴是一个非常勤劳上进的人,因此,他的房子越来越大,土地也越来越广。但不管房屋有多大,土地有多广,只要与人争论生气,他还是会绕着房子和土地跑3圈。

爱地巴为何每次生气都绕着房子和土地跑3圈呢?所有认识他的人都很疑惑,但是不管别人怎么询问他,爱地巴都不愿意说明。

直到有一天,爱地巴已经很老了,他的房与地又已经足够大了,他生气后,拄着拐杖艰难地绕着土地与房子走。等他走完了3圈,太阳都下山了,爱地巴独自坐在田边喘气,他的孙子坐在了他的身边恳求他:"阿公,你年纪已经大了,这附近的人也没有人的土地比你更大,您不能再像从前一样,一生气就绕着土地跑啊!您可不可以告诉我这个秘密,为什么一生气就要绕着土地跑上3圈呢?"

爱地巴禁不起孙子恳求,终于道出了隐藏在心中多年的秘密。他说:"年轻时,我一和人吵架、生气,就绕着房地跑3圈,边跑就边想,我的房子这样小,土地也这样小,我哪有时间,哪有资格去跟人家生气啊,一想到这里,气就消了,于是就把所有时间用来努力工作。"

孙子又问道："阿公，那你现在已经成了最富有的人，为什么还要绕着房和地跑呢？"

爱地巴笑着说："那是因为我现在还是会生气，生气时绕着房与地走3圈，这样边走边想，我的房子已经这么大了，土地也这么多了，那我又何必跟人计较呢？一想到这，气自然就消了。"

"为小事而生气的人，生命是短促的。"这是美国著名的人际关系学大师卡耐基的一句至理名言。

生气是对自己最大的惩罚，也会对周围的亲朋造成困扰。

生气是用别人的过错来惩罚自己的愚蠢行为。一个不会愤怒的人，是无能的人，一个只会愤怒的人，是愚蠢的人，一个能够控制自己情绪、理智地应对一切的人，才是聪明的人。聪明人之所以聪明就在于善于利用理智，将情绪引入正确的发泄渠道，用理智驾驭情感。

做情绪的主人

人要是发脾气，就等于在人类进步的阶梯上倒退了一步。

每个人都或多或少有一些不良的情绪，比如我们经常免不了会动怒。留心四周，你很容易就可以找到正在生气发怒的人们。商店里，也许顾客正在和营业员吵架；出租车上，司机也许正因交通堵塞而满脸怒色；公共汽车上，也许两人正在为抢占座位而大打出手。此种情形，举不胜举。那么你呢？是否动辄勃然大怒？是否让发怒成为你生活中的一部分，而你又是否知道，这种情绪根本无济于事？也许，你会为自己的暴躁脾气大加辩护："人嘛，总会有生气发火的时候。""我要不把肚子里的火发出来，非得憋死不可。"在这种种借口之下，你不时地生气，生自己的气，也生别人的气，你似乎成了一个愤怒之人。

1936年9月7日，世界台球冠军争夺赛在纽约举行。路易斯·福克斯的得分一路遥遥领先，只要再得几分便可稳拿冠军了，就在这个时候，他发现一只苍蝇落在主球上了，他挥手将苍蝇赶走了。可是，当他俯身击球的时候，那只苍蝇又飞回到主球上，他在观众的笑声中再一次起身驱赶苍蝇。这只讨厌的苍蝇破坏了他的情绪。而且更为糟糕的是，苍蝇好像是有意跟他作对，他一回到球台，它就又飞回到主球上来，引得周围的观众哈哈大笑。

路易斯·福克斯的情绪恶劣到了极点，他终于失去了理智，愤怒地用球杆去击打苍蝇，球杆碰到了主球，裁判判他击球，他因此失去了一轮机会。路易斯·福克斯方寸大乱，连连失利，而他的对手约翰·迪瑞则越战越勇，终于赶上并超过了他，最后获得了桂冠。第二天早上，人们在河里发现了路易斯·福克斯的尸体，他投河自杀了！

达尔文说："人要是发脾气，就等于在人类进步的阶梯上倒退了一步。"处于情绪低潮当中的人们，容易迁怒周遭所有的人、事、物，这是自然而然的。情绪的控制，有待智慧的提升，所以很多时候，我们对待不如意，只需要很简单的 3 个字："不迁怒！"

自我克制是很重要的一个命题，我们要能控制自己，做自己情绪的主人，不要让我们的冲动把我们带到危机的边缘，这样就能避免其对人生有恶劣的影响。

‖ 适度宣泄，有原则地发怒

就像你选择穿哪件衣服上班，早餐吃鸡蛋灌饼还是烤肠，或者今天下午什么时候去散步，同样，你也可以选择怎样表达自己的愤怒。你可以选择把愤怒推迟到明天，也可以选择把昨天的愤怒丢在昨天。请记住，生气的时候，不要被情绪牵着鼻子走，你可以选择有原则地发怒。

在陈凯歌的电影《霸王别姬》中，成名之后的两个徒弟去看望曾经的师父，师父很客气地招呼这两个自己一手调教出来的徒弟。但是当两人请师父教诲时，那一分钟前还笑容满面的老师父，居然勃然大怒，对这两个成名之后就骄傲自大的徒弟家法伺候。

在张艺谋的《活着》里面，葛优饰演的败家子儿福贵天性懒惰，嗜好赌博，很快就把他家的财产输给了狡诈的皮影剧团的领班龙二。当债主找上门，要福贵的老父签字，把房子让出来抵债时，老先生冷静地看着借据说了句："本来嘛！欠债还钱。"然后冷静地签了字，把偌大的产业交给了债主。等事情办完，旁人走后，老人在转身的瞬间脸色突然大变，浑身颤抖地追打自己的不孝子。

该发怒时动怒的，并且控制住自己，不当着外人的面发怒，是一种修养。这种克制与冷静，让人感觉到了理智的威力。

在日常与人交往时，我们经常会遇到一些正在发脾气的人。最近美国科学家所公布的一项研究结果表明，当人发脾气时，情绪的宣泄有利于身体健康。所以，偶尔有原则地发怒一下，其实也是可以的。

小芳最近被丈夫气疯了，每天丈夫都很晚回家，最可恶的还是醉醺醺地回家。要不是有几次小芳出门去接他，他早就摔进小区正在维修的那个臭下水道了。而且，丈夫一直以来都是个沉默寡言的人，现在真不知道发生什么事情了，导致丈夫天天这样糟糕的状况。

这天已经半夜十二点了，小芳哄完孩子，早就睡了。丈夫这一礼拜的晚归，她已经熟视无睹了。突然，门外传来了敲门声，小芳想，这臭男人怕是醉得连门也不会开了吧。

小芳气呼呼地开门，发现原来是丈夫的同事小李扶着醉醺醺的丈夫。小芳当着外人的面也不好发作，只好把丈夫扶进了屋子，对小李说："谢谢你，这么晚麻烦你了。要不吃个夜宵再走吧。"

本来是一句客气话，不料丈夫却拉着小李进了门，打开电视机，坐在沙发上看起球赛来。小芳见小李被丈夫拉住了，更是火上浇油。但当着外人面只好给足丈夫面子，去厨房给他们两个大老爷们儿煮饺子去。

终于，一点了，小李也回家了。小芳终于爆发了，用拳头拼命地捶丈夫的胸口。丈夫这时候酒也醒了，连忙对妻子道歉，哄着小芳睡觉去了。

第二天，丈夫早早地回家了，满面春风地对小芳说："公司里现在都在传我有一个善良、懂事、贤惠的好老婆。"

聪明的人不因为别人发怒便怒不可遏，智慧的人掌控恰当的发怒时机，愤怒也有价值，用得得当就是积极的情绪。芝加哥第一国家银行董事会会长维特摩亚说："如果某人发怒，我总觉得对于我自己的地位反而有帮助。"

当你想发怒的时候，记住，你正在要做一件有意义的事，你要有原则地发怒。有时候压制怒气，反而增加自己的紧张和抑郁感。约束愤怒并不是压迫愤怒，而是把愤怒导引为一种行动，发泄不利于自己身心健康的情绪，从而获得安宁的心境。

画坛著名漫画家韩羽是秃顶，头上的地中海引人注目，他曾写了一首自嘲诗：眉眼一无可取，嘴巴稀松平常，唯有脑门胆大，敢与日月争光。令人忍俊不禁。更是展示了韩羽先生豁达的心胸和乐观的心态。

有幽默感的自嘲是对自己缺陷的夸张，颇能表现出一个人坦诚的品格。心似天平，稍有偏差，就会失去平衡，而像韩羽这样运用白嘲就可以轻松让天平恢复平衡。自从文坛泰斗鲁迅先生的《阿Q正传》横空出世以来，阿Q精神一直都遭受着人们的批判，这种精神毒害了多少国人的心。但是有没有人想过，其实单就阿Q精神胜利法，在为人处世方面，却蕴含着深刻的人生哲理。

在一次大学学生会组织的舞会上，张灯结彩，音乐四起，气氛非常热闹。友安一眼就看上了舞池边上那个身材高挑的女孩。可是自己是南方人，身材比较矮，在北方这个地方上学真是吃了大亏了。

友安鼓足勇气去邀请那女孩跳舞，就像他担心的一样，女孩微笑着拒绝："我从不与比我矮的男人跳舞。"

友安不愧是中文系的高才生，他没有发火，也没有指责女孩侮辱自己，只是淡淡一笑，不温不火地说："我真是武大郎开店，找错了帮手啊！"

那女孩儿听后面红耳赤，悻悻地走开了。

自嘲是宣泄积郁的良方，有时候也是一种反嘲别人的武器。学会了自嘲，就可以使自己拥有宁静平稳的心境。俗话说，境由心造。当我们遇到挫折时，是怨天尤人，还是辩证地看待一时的不利？显然应该是后者。

从小小桃就是一个胖女孩，小时候，胖乎乎的人见人爱，可是长大了，烦恼也多起来，这胖乎乎的身材就是最大的烦恼。

每当听到"窈窕淑女，君子好逑"这句话时，小桃总感觉是对自己最大的嘲讽。每当朋友同事谈起自己的瘦身计划时，她总觉得他们的眼神里带着一丝敌意，这分明是在说自己嘛。为什么老天给我这样臃肿的一副皮囊？为什么我天天不吃饭但就连喝口水也长肉啊？为什么现在不是唐朝啊？

后来，她终于调整了自己的心态。胖怎么了？胖也是错吗？她开始不再计较人们的言谈，也不自卑了，她总是对自己说："我胖是胖了点儿，但我很健康啊！"

有一天，当人们再谈论起身材时，平时寡言的小桃突然说了一句很有哲理的话："我的胖是暂时的，可有些人的矮就是一辈子啊！"从那以后，同事们知道了小桃的威力，再也不在办公室谈论高矮胖瘦的身材问题了。

有些人受不得半点委屈与挫折，眼睛里揉不进半颗沙子，总会为了一些鸡毛得失而唉声叹气，怨天尤人。要是稍遇不利，便悲观失望，听天由命。更有一些轰轰烈烈的人，总活在大喜大悲当中，一旦遇上失恋之类的事情，从此一蹶不振，甚至会放弃生活下去的勇气。

这些人就需学习一点阿 Q 精神。外貌上有点小瑕疵，太黑太胖长雀斑，我们不妨用"此乃特点"来为自己标榜；生活很拮据很清贫，可以说，"钱财乃身外之物，生不带来，死不带去"；如果被诽谤，不妨用"不与小人一般见识"来自我解围。

第二章

避免不必要的焦虑和烦恼

　　人活着，没有必要事事认真，事事计较，细枝末节上得过且过未尝不是种豁达与大度。生活每时每刻都在告诫着人们何为包容，为何包容。可惜心细如尘，锱铢必较的人却总是为了不必要的焦虑和烦恼头疼，殊不知人生在世，只有历经过得失，才能领悟到人生的苦与乐，爱与恨，才知道人生中应该忘记什么，原谅什么，放弃什么，学会什么。

没有糟糕的事情，只有糟糕的心情

　　成功者之所以成功，因为他们付出了努力，还因为他们有一定的能力，更因为他们具备良好的心态。他们善于控制自己的心情，能在电闪雷鸣中看到彩虹，不被眼前的迷雾遮了双眼。

　　其实好的心情会对你的生活和工作有很大帮助。心情好则事情顺利，心情坏了事情也会变得糟糕。你会发现，今天要是早上出门心情好，出门堵车成了欣赏风景，即使是乏味的工作你也做得热情洋溢；要是你今天早上心情不好，那接下来，似乎老天也在和你作对，出门堵车不说，连公交车上、地铁上，就连早点摊上遇见的人，都是对你有成见的、不友善的。

　　一年冬天，刮了一夜的风。第二天画家和朋友一起去树林里散步，地上都是枯枝败叶，朋友不想看见这样萧瑟的场景，他想回家，不料画家却说："你先回家吧，这里多美啊，这是大自然的手笔，我要临摹这美景。"

　　又过了一个星期，下了几天的雪终于停了。画家又和朋友去雪地里散步，现在再也没有凌乱的树叶和树枝了，他们所看见的是一片纯白的世界。

突然朋友看见路边有一大块污迹，显然这是狗留下来的屎迹，为了不影响美好的雪景和赏雪人的心情，朋友趁画家不注意，就用鞋尖挑起雪把它覆盖住。

可是令朋友诧异的是，他抱着美好愿望的举动却惹了画家一脸不高兴。

画家说："这几天，我总是一个人来到这里，来欣赏这一片美丽的琥珀色，可是今天你却把它破坏了。"在这位画家眼里，凌乱的树林和狗的屎迹，已经不是他们所呈现的本来面目了。凌乱的树林成了大自然的手笔，而朋友眼中的"狗屎"也已经成了一片美丽的琥珀色。这是画家的审美情趣，更是一种积极的心态，一种乐观的人生态度。

心中充满阳光，我们处处都能看到太阳。不要一味埋怨，学会发现生活中的美，这样你也会快乐许多。

有些事不是你想象的那样

一天，一个盲人带着他的导盲犬过街时，被一辆失去控制的大卡车撞上，盲人和狗都惨死在车轮下。

主人和狗一起到了天堂门前。一个天使拦住他们："对不起，现在天堂只剩下一个名额，你们两个只能有一个上天堂。"

主人一听，连忙问："我的狗又不知道什么是天堂，什么是地狱，能不能让我来决定谁去天堂呢？"

天使鄙视地看了这个人一眼，皱起了眉头说："很抱歉，先生，每一个灵魂都是平等的，你们要通过比赛决定由谁上天堂。"

主人失望地问："哦，怎么比赛呢？"

天使说："这个比赛很简单，就是赛跑，从这里跑到天堂的大门，谁先到达目的地，谁就可以上天堂。不过，你也别担心，因为你已经死了，所以不再是瞎子，而且灵魂的速度跟肉体无关，越单纯善良的人速度越快。"

主人想了想，同意了。

天使让主人和狗准备好，就宣布赛跑开始。天使以为主人为了进天堂，会拼命往前奔，谁知道主人一点也不忙，慢吞吞地往前走着。更令天使吃惊的是，那条导盲犬也没有奔跑，它配合着主人的步调在旁边慢慢跟着，一步都不肯离开主人。

天使恍然大悟：原来，多年来这条导盲犬已经养成了习惯，永远跟着主人行动，在主人的前方守护着他。可恶的主人，正是利用了这一点，才胸有成竹，稳操胜券，他只要在天堂门口叫他的狗停下，就能轻轻松松赢得比赛。

天使看着这条忠心耿耿的狗，心里很难过，她大声对狗说："你已经为主人献出了生命，现在，你这个主人不再是瞎子，你也不用领着他走路了，你快跑进天堂吧！"

可是，无论是主人还是他的狗，都像是没有听到天使的话一样，仍然慢吞吞地往前走，好像在街上散步似的。

果然，离终点还有几步的时候，主人发出一声口令，狗听话地坐下了，天使用鄙视的眼神看着主人。

这时，主人笑了，他对天使说："我终于把我的狗送到天堂了，我最担心的就是它根本不想上天堂，只想跟我在一起……能够用比赛的方式决定真是太好了，只要我再让它往前走几步，它就可以上天堂了，那才是它该去的地方。所以我想请你照顾好它。"

天使愣住了。

说完这些话，主人向狗发出了前进的命令。就在狗到达终点的一刹那，主人像羽毛似的落向了地狱的方向。他的狗见了，急忙掉转头，追着主人狂奔。满心懊悔的天使张开翅膀追过去，想要抓住导盲犬，不过那是世界上最纯洁善良的灵魂，速度远比天堂中所有的天使都快。

最后，导盲犬又跟主人在一起了，即使是在地狱，导盲犬也永远守护着它的主人。

天使久久地站在那里，才知道自己从一开始就错了。

一千个人眼里就有一千个哈姆莱特。同样，同一件事情，在不同的人看来，就有不同的是非曲直。因为每个人在看待事物时，都会或多或少地戴上有色眼镜，用自己的喜好、经验和标准来进行评判，结果就是——我们往往看到了假象。这一点，就连圣人也不能避免。

有一次，孔子和弟子一起出游的时候。大家都非常饿，但是只有一点点粮食，于是就让颜回煮了一锅粥。

孔子经过厨房的时候，看见颜回正在拿勺子喝粥。孔子非常生气，心想：大家都饿，就这么点粥，你倒先吃起来了，亏你还以贤良闻名天下……孔子越想越气，正要发作，却听见颜回说："哎呀，又脏了，烟灰真大啊！"

孔子仔细一看，原来颜回舍不得被烟灰弄脏的粥，就自己吃了。孔子不由感叹，单凭眼睛就莽撞地做出判断，差点就冤枉了颜回造成了无辜的伤害啊。

眼见不一定为实，有时候，我们连自己的眼睛都不能相信。因为眼睛看到的只是最表面的东西，它代表的不一定就是真相。

世界上有太多的假象，我们虽不能做到事事通透明白，但至少可以做到"凡事多思考，多问几个为什么"。只有这样，我们才能不被假象蒙蔽，造成不必要的误会。

萨穆·蓝沙博士这样说明看的心理过程："大多数看的过程都不是经由眼睛所造成，眼睛的作用像手一样，它们'伸出去'，抓住无意义的'东西'，然后带进脑子；脑子又把这些'东西'转交给记忆，等到脑子用比较的方法去解释以后，你才真正'看到'东西。"

有些人活了一辈子都没有看见自己四周的力量和光明。你不见得每次都能把眼睛带来的信息，透过心灵适当地予以过滤；你常常只是"看了"却没有真正"看见"；你虽然接受了实体的印象，却没有明白它的真正意义。

这时你应该把你的心灵视觉检查一下。心灵的视觉也像肉体的视觉一样会扭曲变形，当它发生这种现象时，你就会在错误观念的迷雾里瞎摸，跌跌撞撞、东倒西歪，无意中伤害了自己和别人。

▌凡事不要自我设限

几年前，小敏南下深圳求职，根据她的经验和能力，负责一个部门绝对没有问题。

小敏的一个朋友对通信行业比较熟悉，人缘也不错。于是，朋友给一家电信公司的张总工程师打了个招呼，然后让小敏约定时间面试。小敏认为自己没有在大电信公司做过主管，怕面试无法通过，又担心做不好会损了朋友的面子，只好"退而求其次"，想自己通过招聘渠道找工作。

小敏先给几家用人单位寄去简历，却石沉大海毫无消息。接着，她又去找人才市场和职业介绍所，也面试了几家用人单位，但结果往往是"高不成低不就"。

一个月过去了，小敏也急了。最后，她决定打电话给张总工程师。秘书接过电话问道："请问您找哪一位？"

小敏回答说："请找张总。"

秘书说："对不起，张总正在开会，可以请您留下口信吗？"小敏觉得彼此不熟，又不好意思留口信，只好挂了电话。

朋友看在眼里，急在心里，给小敏讲了一个"跳蚤的故事"。

有人曾经做过这样一个实验：他往一个玻璃杯里放进一只跳蚤，发现跳蚤立即轻易地跳了出来。再重复几遍，结果还是一样。根据测试，跳蚤跳的高度一般可达它身体的400倍左右。

接下来实验者再次把这只跳蚤放进杯子里，不过这次是立即在杯子上加一个玻璃盖，"嘣"的一声，跳蚤重重地撞在玻璃盖上。跳蚤十分困惑，但它没有停下来，因为跳蚤的生活方式就是"跳"。一次次撞击，跳蚤开始变得聪明起来了，它开始根据盖子的高度来调整自己跳的高度。再一阵子以后呢，这只跳蚤再也没有撞击到盖子，而是在盖子下面自由地跳动。

一天后，实验者开始把这个盖子轻轻拿掉了，跳蚤还是在原来的这个高度继续地跳。

一周以后发现，这只可怜的跳蚤还在这个玻璃杯里不停地跳着，其实它已经无法跳出这个玻璃杯了。

让这只跳蚤再次跳出这个玻璃杯的方法十分简单，只需拿一根小棒子突然重重地敲一下杯子；或者拿一盏酒精灯在杯底加热，当跳蚤热得受不了的时候，它就会"嘣"的一下，跳出来……

小敏很快就领悟到其中的意思，默然半晌，没有作声。

第二天一早，小敏就给张总打电话，又是秘书接的电话，但见她直呼张总的名字，秘书不敢怠慢，很快接通电话……面试很顺利，小敏顺理成章地成了部门主管。

现在，小敏已成为该公司的资深主管，上司正准备提升她为副总经理。张总工程师多次对小敏的朋友说："真该好好感谢你啊，要不我上哪儿去找这么好的得力助手去啊！"

在这个故事里，跳蚤真的不能跳出这个杯子吗？绝对不是。而是因为，它的心里面已经默认了这个杯子的高度是自己无法逾越的。在科学界，这种现象被称为"自我设限"。

在生活中，是否有许多人像这只跳蚤一样，不断自我设限呢？年轻时雄心万丈，意气风发，一旦遭遇挫折，便开始怀疑自己的能力，抱怨上天不公。慢慢地，他们不是想方设法去追求成功，而是一再地降低成功的标准。他们已经在挫折和困难面前屈服了，或者已习惯了。

"自我设限"是人无法取得成就的根本原因之一。所以，要塑造一个全新的自我，就要打破这种"心理高度"，停止自我设限。

‖ 干吗要跟自己过不去

许多人都有和自己过不去的毛病。

钱包丢了，不住地长吁短叹，总是想着丢哪里了？怎么会丢呢？事实上这无济于事，即使挖地三尺也未必找得到。那么，再自己给自己生闷气，是不是和自己过不去呢？

落选了，不住地怨天尤人，总认为别人走了关系，自己是给别人垫背的。事实上这样想，有什么用呢？再窝火、再憋气、再发牢骚，难过的也还是自己。

有个人离家远游，来到一个小镇。经过长途跋涉，他又累又渴。他转了一会儿，见一名男子在卖一种鲜红的水果。他想："这些罕见的水果一定很好吃。"于是他买了一篮子。找个地方坐下来，开始吃水果。

他才咬了一口，嘴巴就像吞下火球一般，产生灼烧的感觉。眼泪沿着面颊流下，他的脸涨红了，几乎不能呼吸，但他继续把篮子里的水果塞进嘴里。

一个村民走过，在他面前停下来。"先生，你在做什么？"

"我以为这种果子很好吃，"他喘着气说，"所以我买了很多。"

"这是红辣椒，"村民说，"这样吃会对身体不好。"

"对，"说着，他又把一根辣椒塞进嘴里，"可是我停不下来，我得全部吃完才行。"

"你是个顽固的傻瓜！"村民说，"知道是辣椒了，为什么还吃个不停？"

"我吃的不是辣椒，"他说，"是我的钱。"

一篮子辣椒被误以为是甜美的水果，这对一个从没见过辣椒的人，是很正常的。问题就是，犯错了，却不愿承认自己的过错，执迷不悟即使嘴巴灼热，心灵与灵魂在火中熊熊焚烧，仍不断走火入魔。

总习惯于和自己过不去，心理学家认为，这是一种偏执型人格障碍。有这种毛病的人，在生活中，往往固执己见、不懂变通、冥顽不化，盲目地采取某种无效做法。总是和自己过不去，不但让自己活得不开心，甚至不利于自己一生的发展。

心理上的狭隘，观察生活态度的偏颇，是大多数人不够快乐的根本原因。

其实，我们应该懂得变通，不和自己过不去，不用固执的心去走人生的路，遇到问题，一计不成再生一计，此招儿不成再想彼招儿。如此，就算前面是堵墙，也能绕开而不碰壁。别和自己过不去，适时变通，这才是聪明人的所为。

很多事其实很简单

天下无难事，行动了，迟早会得到解决；不去做，那么任何事都难于上青天。

有个人，在他的一生中遭受过两次惨痛的意外事故。第一次不幸发生在他46岁时。一次飞机意外事故，使他身上65％以上的皮肤都被烧坏了。在16次手术中，他的脸因植皮毁容了，他的手指没有了，双腿特别细小，而且无法行动，只能瘫在轮椅上。谁能想到，6个月后，他又亲自驾驶着飞机飞上了蓝天！

四年后，不幸再一次降临到他的身上，他所驾驶的飞机在起飞时突然摔回跑道，他的12块脊椎骨全部被压得粉碎，腰部以下永久瘫痪。

但他没有把这些灾难当作自己消沉的理由，他说："我瘫痪之前可以做一万种事，现在我只能做9000种，我还可以把注意力和目光放在能做的9000种事上。我的人生遭受过两次重大的挫折，所以，我只能选择把行动和努力拿来作为自己排除不幸和缺陷的力量。"

这位生活的强者，就是米契尔。正因为他永不放弃努力，最终成为一位知名企业家和公众演说家，还在政坛上获得一席之地。

可见，在同样的环境、同样的条件下，不同的人，就会产生不同的结果。事在人为，只要去尝试了，就没有难事。

亚历山大大帝在进军亚细亚之前，路过著名的朱庇特神庙。关于朱庇特神庙有个著名的预言，这个预言说的是谁能够将朱庇特神庙的一串复杂的绳结打开，谁就能够成为亚细亚的帝王。在亚历山大大帝到来之前，这个绳结已经难倒了来自很多国家的智者和国王。因为军队即将开拔，能否打开这个神秘的绳结，关系到了军队整体的士气。

亚历山大大帝仔细观察着这个绳结。果然是天衣无缝，无懈可击。这时，他灵光一闪："既然前人没人能够解开，那么我为什么不用另外的途径来打开这个绳结呢！"于是，他拔剑一挥，绳结被一劈两半，这个困惑了世人几百年的难题就这样被轻易地解决了。亚历山大也因此成了亚细亚的帝王，众人心服口服。

亚历山大大帝勇于行动，不墨守成规，显示了非凡的智慧和勇气，成就了他亚细亚帝王的伟业。可见，即使是再棘手的难题，在行动面前都不堪一击。

万事为之则易，不为则难。只要付出行动，你会发现，看起来很难的事情，其实轻而易举就可以得到解决；而光想不做，再简单的事情都会觉得无比困难。

从前有一户人家的花园里摆着一块大石头，人一不小心就会踢到那一块大石头。

儿子问："爸爸，那块讨厌的石头，为什么不把它挖走？"

爸爸这么回答："你说那块石头？从你爷爷时代，就一直放到现在了，没事无聊挖石头，还不如走路小心一点。"

过了几年，这块大石头留到下一代，当时的儿子娶了媳妇，当了爸爸。

有一天，儿媳妇气愤地说："爸爸，菜园那块大石头，我越看越不顺眼，改天请人搬走好了。"

爸爸回答说："算了吧！那块大石头很重的，可以搬走的话在我小时候就搬走了，哪会让它留到现在啊？"

儿媳妇心里非常不是滋味，那块大石头不知道让她跌倒多少次了。

有一天早上，儿媳妇又被绊倒了，她忍无可忍，于是带着锄头来到花园。结果，她用锄头轻轻一撬，石头就松动了，再看看大小，这块石头没有想象的那么大，儿媳妇轻而易举就把它搬走了。

只有行动才能改变事实。只说不做，石头还是原地不动，只有行动起来，才能解决问题。

烦恼往往是自找的

一个人被烦恼缠身，于是四处寻找解脱烦恼的方法。

有一天，他来到一个山脚下，看见在一片绿草丛中，有一个牧童骑在牛背上，吹着短笛，逍遥自在。他走上前去问道："你看起来很快活，能教我解脱烦恼的方法吗？"

牧童说："骑在牛背上，笛子一吹，什么烦恼也没有了。"

他试了试，却无济于事。于是，又开始继续寻找。

不久，他来到一个山洞里，看见有一个老人独坐在洞中，面带满足的微笑。

他深深鞠了一个躬，向老人说明来意。

老人问道："这么说你是来寻求解脱的？"

他说："是的！恳请不吝赐教。"

老人笑着问："有谁捆住你了吗？"

"……没有。"

"既然没有人捆住你，何谈解脱呢？"

他蓦然醒悟。

我们烦恼，我们觉得自己不幸，往往不是别的，而只是因为我们自己将自己捆住了。当我们想要将自己从所谓的"苦海"中解脱出来，我们首先要做的就是问问自己的心，我们是否真在"苦海"里呢？有时候，烦恼是自己加给自己的。

古时候，在深山里有座庙，庙里住着小和尚和老和尚，他们每天都要打坐修行。

一天，小和尚对老和尚说："我每次打坐入定的时候，都有一个大蜘蛛来打扰我，害得我心烦意乱，还有点害怕，请你给点化一下。"

老和尚说："这样吧。那蜘蛛再来你就在它肚子上画个圆圈，我要看它到底是个什么妖魔鬼怪。"

小和尚就照办了，时间不久小和尚很快入定了。当他打坐完的时候，他看到自己的手放在腹部，肚子上竟然有自己画的很多小圈圈。原来骚扰自己的蜘蛛竟然就是他自己。

这个故事告诉我们：不要自己吓唬自己，烦恼往往都是自找的。正所谓：天下本无事，庸人自扰之。

人的一生太短促宝贵了，千万不要去浪费时间自寻烦恼。

有一个老太太，生了两个女儿。大女儿嫁给了伞店掌柜，二女儿嫁给了染坊老板。

老太太整天忧心忡忡。晴天的时候，她担心伞店的雨伞卖不出去；雨天的时候，又生怕染坊的布晾不干。天天为女儿担心，郁郁寡欢。于是一个好心的邻居就跑过来对她说："老太太，你真是好福气啊。你看，晴天的时候，你二女儿的布不怕晾不干；雨天的时候，你大女儿的伞不愁卖不出去。你每天都有好事情，为什么你还整天发愁呢？"

老太太一听也高兴了，心想我怎么就没想到呢？

人之所以痛苦，不是追求错误的东西，就是没能领悟人生的真谛。如果你不给自己烦恼，别人也永远不可能给你烦恼。因为你自己的内心，你放不下。明白了这个道理，你的人生怎能不快乐？

‖ 不要为难自己

欲望越低，幸福感越高，这是当今很多聪明人都明白的道理。

　　古时候有个渔夫，是出海打鱼的好手。可他却有一个不好的习惯，就是爱立誓言，即使誓言不切实际，一次次碰壁，也将错就错，死不回头。

　　一年春天，他听说市面上墨鱼的价格很高，于是便立下誓言：这次出海只捞墨鱼。但此次打鱼遇到的全是螃蟹，他只能空手而归。

　　上岸后，他才得知，现在市面上螃蟹的价格最高。渔夫后悔不已，发誓下一次出海一定只打螃蟹。

　　第二次出海，他把注意力全都放到了螃蟹上，可这一次遇到的都是墨鱼。他只好空手而归。

　　晚上，渔夫躺在床上，十分懊悔。于是，他又发誓，下一次出海无论是遇到螃蟹，还是墨鱼，他都捞。可第三次出海，墨鱼、螃蟹都没有遇到，他遇到的是海蜇。于是，渔夫再次空手而归。

　　结果，渔夫没能第四次出海，就在自己的誓言中饥寒交迫地离开了人世……

　　设定高标准，努力工作并没有错，但当这种高标准让你感到无比痛苦时，那就是苛求自己了。做人，何必和自己过不去呢？看开点，随缘任性才能活得潇洒，得到内心的快乐。

别为明天的盘子发愁

忧虑如同摇椅，它似乎一直在忙碌，却哪儿也去不了。

在撒哈拉沙漠中，有一种土灰色的沙鼠。每当旱季到来之时，这种沙鼠都要囤积大量的草根，以准备度过这个艰难的日子。但奇怪的是，当沙地上的草根足以使它们度过旱季时，沙鼠仍要拼命地寻找草根，运回洞穴，似乎只有这样它们才可以心安理得，才会踏实。否则便焦躁不安，嗷嗷地叫个不停。

研究证明，这一现象是由沙鼠的遗传基因决定的，是沙鼠出于一种本能的担心。担心使沙鼠干了大于实际需求几倍甚至几十倍的事。沙鼠的劳动常常是多余的、毫无意义的。

曾有不少医学界的人士想用沙鼠来代替小白鼠做实验。因为沙鼠的个头很大，更能准确地反映出药物的特性。但所有的医生在实践中都觉得沙鼠并不好用。问题在于沙鼠一到笼子里就非常不适。尽管在笼子里的沙鼠的生活可以用"丰衣足食"来形容，但它们还是一个个地很快就死去了。医生发现，这些沙鼠是因为没有囤积到足够草根的原因。确切地说，它们是因为极度焦虑而死亡的，这是来自一种自我心理的威胁。

你会为明天的盘子没洗发愁吗？事实上很多人都在做着这样的事情。在现实生活里，常让人们深感不安的往往并不是眼前的事情，而是那些还没有发生甚至永远也不会发生的事情。人们总是为了将来的所需和将来会如何而发愁，这种担心令人深深地感到不安。忧虑解决不了问题，只会增加你的压力，使你整天忧心忡忡，无端猜忌。

世上本无事，庸人自扰之。卡耐基说过："其实99％的焦虑根本不会发生，是人自己造成了自己的焦虑。"我们的担忧和烦恼其实都和杞人担心天会塌下来一样，都是自寻烦恼，没有必要的。

凡事总会有方法解决。如果你感到焦虑不安，那么为什么不试试这种方法——接受最坏的结果。

卡耐基在他的书中提到一个石油商人讲述的故事：我是石油公司的老板，有些运货员偷偷地扣下了给客户的油量而卖给了他人，而我却毫不知情。有一天，来自政府的一个稽查员来找我，告诉我他掌握了我的员工贩卖不法石油的证据，要检举我们。但是，如果我们贿赂他，给他一点钱，他就会放我们一马。我非常不高兴他的行为及态度。一方面我觉得这是那些盗卖石油的员工的问题，与我无关。但另一方面，法律又有规定"公司应该为员工的行为负责"。另外，万一案子上了法庭，就会有媒体来炒作此新闻，传出去会毁了我们的生意。我焦虑极了，开始生病，三天三夜无法入睡，我到底应该怎么做才好呢？给那个人钱呢？还是不理他随便他怎么做？

我决定不了，每天担心，于是，我问自己：如果不付钱的话，最坏的后果是什么呢？答案是：我的公司会垮，事业会被毁，但是我不会被关起来。然后呢？我也许要找个工作，其实也不坏。有些公司可能乐意雇用我，因为我很懂石油。至此，很有意思的是，我的焦虑开始减轻，然后，我可以开始思想了，我也开始想解决的办法：除了上告或给他金钱之外，有没有其他的路？找律师呀，他可能有更好的点子。

第二天，我就去见了律师。当天晚上我睡了个好觉。隔了几天，我的律师叫我去见地方检察官，并将整个情况告诉他。意外的事情发生了，当我讲完后，那个检察官说，我知道这件事，那个自称政府稽查员的人是一个通缉犯。我心中的大石头落了下来。这次经验使我永难忘怀。至此，每当我开始焦虑担心的时候，我就用此经验来帮助自己跳出焦虑。

是的，最坏的后果是什么？当这个后果出现时，我能面对它吗？我能承担它带来的责任吗？这是我们在焦虑时要自己问自己的几个重要的问题。如果最坏的结果在自己的接受范围，那么你一定能轻松许多。

别让他人来决定你的一生

众智成愚，当你没有坚定的信念，而随别人的意见左右摆动时，只能让很多本来可行的事，莫名其妙地变成了"不行"。

某天，有个年轻人来到集市上，买了一只山羊，他牵着羊，走在街上。

几个骗子看见了，其中一个对他说："你牵着这只狗干什么？"

"别开玩笑，这是一只山羊。"

他牵着没走几步，迎面又过来一个骗子。

"你为什么牵着狗哇？你要这狗干吗？"

"这是山羊！"他冒火了。

不过，他开始动摇了：会不会真是一条狗呢？他低头看看这只长着黑胡子的东西，猜疑：狗？这明摆着是一只山羊嘛！不过……

又走了几步，他听见有人在喊："喂，小心，别让这条狗咬着！"

"天哪，我真糊涂！"这人终于大叫起来，"我怎么会把它当成山羊买来啊！"他信了骗子的话，把山羊扔在大街上了，那几个骗子捉住山羊，吃了一顿烤羊肉。

当然，这是一个故事。不过现实生活中常常会有这种情况：你要做一件事，拿到了一个好项目，决定做下去，然而，身边的人一致认为"不保险""不可为"。于是，你相信了他们的话，结果是你把一只肥羊当作瘦狗放掉了。

正所谓众智成愚，当你没有自己坚定的信念，而随别人的意见左右摆动时，只能让很多本来可行的事，莫名其妙地变成了"不行"。

第三章

遏制住欲望与虚荣

　　人性本就贪婪，我们刚刚费尽力气地满足了一个欲望，另一个欲望就又翻滚而出。虽然你得到的越来越多，但到最后没得到的东西会更多。而在贪求的过程中，人早已形成习惯，每天都在烦心怎样来满足自己比前一天更难满足的欲望，轻松和快乐将渐渐离你远去，你的心将只剩下丑陋的欲望与虚荣。

贪婪是烦恼的根本

人性本就贪婪，我们刚刚费尽力气地满足了一个欲望，另一个欲望就又翻滚而出。我们无奈，只得为新的欲望不断奔忙。虽然你得到的越来越多，但到最后没得到的东西会更多。而在贪求的过程中，人早已形成习惯，疲惫不堪。每天都在烦心怎样来满足自己比前一天更难满足的欲望，轻松和快乐将渐渐离你远去，你的心将只剩下丑陋的贪欲。而此时贪欲将变成一只猛兽，能吞掉人所有美好的心思，奴役人的内心。

如果不懂适可而止，那么事情将会向着无法预知的方向跑偏。

中秋，皓月当空，一年轻人夜走山路。拐过一山口，突然金光四射，眼前的一切物体都变为金子，金树、金草、金石。正愕然，一老妪飘然而至，对他说："小伙子，今天算你走运了。"说着从脚边拣起几块金石递给他说，"回家好好过日子吧！"年轻人叩头谢恩，再抬头，老妪已不复存在。

他揣着几块金石继续往回家走，边走边想：身边这么多金子，何不多拣几块回家？于是他弯腰尽量拣，直到抱不下为止。路遇一桥，过桥即可到家了。他在桥上稍加歇息，不禁又想：这么多金子，何不回家取物来装，还在乎怀里这一点？于是将怀里的金石尽抛水中，飞快地跑回家取一大竹篮。待他再回到遇仙之地，一切已经不复存在。

回到家里，亲友无不群起而攻之，有的说：如此贪心，有怀里那一抱金石不也够了？更有人说：有老太太给的那几块金石也心满意足了！

他顿足捶胸，号啕大哭。

遇仙之事固然子虚乌有，但贪心的却大有人在。

一个人想出了一个捕捉麻雀的好办法，他把箱子制作成一个有进无出的陷阱，一旦麻雀进去了，只要把进口堵上，就难以逃出来。

这天，他抓来一把谷子，从箱子外面一路撒下去，一直撒到箱子里面，然后他在箱子盖上系了一根绳子，自己攥着绳子的一端，远远地躲在一边，等着麻雀的到来。只要他把绳子轻轻一拉，箱子的盖就会关上，麻雀就跑不出来了。

不一会，一群麻雀看到了谷子，都欢快地啄食起来，他数了数一共有 15 只呢。15 只够他吃好几天了。有 4 只进箱子里了……已经有 9 只了……13 只了！他盯着外面的两只麻雀，要是它们也进去了，自己就可以一个礼拜不用出来工作了。

他正想着，一只麻雀溜了出来。他懊悔地想刚才真该拉绳子。如果再进去一只我就关，他这样想。可是又出来两只，在他想的时候又跑出来两只……

最后，他眼睁睁地看着那群麻雀心满意足地离去了。箱子里什么都没有了，包括他的谷子。

这就是人性的不足之处，欲望是人类的本能，而欲望的本质则是永远满足不了的贪心，我们是这样，别人也是如此。我们不需要排斥欲望，一点点欲望能够让我们生活得更美好，但是，如果不懂见好就收，那么你将陷入贪婪的漩涡中无法自拔。

人类贪婪的最明显的表象就是财富、权力和地位。不管我们手里现在有多少，有的是什么，总是希望能够得到更多的钱、更大的权力、更高的地位、更多的成就，因为只有这样，自己才能感觉到满足。但是当我们实现了这些目标以后，突然发现自己还是不满足，也不快乐，因为还有更大的目标在远方等待着我们去完成，这就是贪婪的本质，欲望毫无休止。

贪婪不仅会给人带来烦恼，有时候还会害人性命，你不要以为这是骇人听闻，看看下面的小故事，也许你就会懂得贪婪的代价。

两个很要好的朋友在林边漫步，突然一个惶恐不安的僧人从树林深处跑了出来。他们二人赶紧上前询问发生了什么事。僧人气喘吁吁地告诉他们，他在树林中挖出了一堆可怕的金子。

两个人听后一愣，以为这名僧人在寺院呆傻了，挖出了金子是多么高兴的一件事，居然说可怕。接着他们问僧人金子是在哪里发现的。僧人将地址告诉了他们，还好心地提醒他们最好不要去，因为那可是吃人的怪物。两个人只认为僧人说的是疯话，于是按照指示，竟然真找到了一堆明晃晃的金子。

其中的一个人对另一个人说道："看来那还真是一个傻和尚，挖到了这么多金子，那是别人几辈子都修不来的福气，他居然说是吃人的东西，你说可笑不可笑？"另一个人也随声附和。

两个人说完就一起动手将金子全部都挖了出来，然后就开始讨论怎样将金子带回去的问题。其中的一个人说道："这么多金子，现在拿回去只怕是太招摇了，也不安全，我们还是等到天黑之后再往回拿吧。我看这样，我留在这里守着，你先回家去拿些饭菜和两个口袋过来，我们在这里吃完饭，等到夜里，将金币装好再悄悄地带回去。"

商量好之后，另一个人就回家去准备饭菜和口袋了。留下的那个人看着眼前明晃晃的一堆金子，心里开始翻腾："要是这堆金子归我一个人所有该多好呀，那我这辈子就可以锦衣玉食了。对，这堆金子本来就应该归我一个人，只要和我一起发现秘密的人消失就行了。可是怎么才能让他消失呢？"

那位回家准备饭菜与口袋的人，心里有了同样的想法，他也想将金子独吞，那么一起发现金子的人就必须得死。两个人都这么想着，心理盘算着要杀死另一个人。从家里拿东西的人因为害怕朋友独吞，所以很快就带着东西回来了。但是令他意想不到的是，他还没有来得及将手里的东西放下，留守的朋友就用木棍从背后将他打死了。看着自己昔日的好友就这样死去，留守的人端起地上的饭菜，对朋友的尸体说："亲爱的朋友，你不要怪我，我实在不想和你分那些金子。好吧，这些饭菜都是你带来的，咱俩就像原来一样，一起吃最后一顿饭吧。"

说完他就拿起地上的饭菜，狼吞虎咽地吃了起来。却没想到，刚刚吃了几口，腹中就剧痛难忍。这时，他才意识到朋友早已经在饭菜中下了毒。临死前他幡然醒悟，对着朋友的尸体忏悔道："原来，傻的不是那个僧人，他说的对，金子真的可怕，只不过，吃人的不是金子，而是你我的贪婪之心啊！"

俗话说，"人为财死，鸟为食亡"，出现这样的结果并不是因为财富害了他们，真正的罪魁祸首是他们内心中的贪婪。这两人如果没有那么大的贪念，大可以没有这么多的烦恼，两个人将金币平分，各自过上舒服的日子。但两个人都抵不住贪婪的诱惑，最终连自己的性命都赔了进去。

▌没什么比活着更重要

我们的一生都在不停地奋斗，要问为什么，大多数人都会说自己想要赚更多的钱，享受更好的生活。不过，你想一想，自己快乐吗？要知道，我们努力地赚钱确实是为了更好地活着，但活着绝不是为了赚钱。假如我们一生都把追逐金钱作为唯一的目标和宗旨，那么可想而知，我们的生活将缺少多少乐趣。

　　清朝时期，有一个大商人非常有经营头脑，他把自己的生意做得红红火火，每年的财富都像滚雪球一样增长。虽然他有好几位账房先生，但还是不放心把总账交给他们。于是他不得不每天从早晨熬到深夜来管理自己的账目，他每日都被累得腰酸背痛、头昏眼花。终于完成了一天的账目，躺在床上又迟迟不能入睡，因为他还得考虑第二天的生意，只要是想到白花花的银子他就会激动得睡不着。

　　由于这个商人每天都睡不了觉，于是时间一长，他就患上了严重的失眠症。

　　他隔壁住着的是靠做豆腐为生的一对夫妻，两个人每天很早起来磨豆浆、做豆腐，虽然很累，但每天说说笑笑，日子过得甜甜蜜蜜。

　　每天晚上富商躺在床上翻来覆去，怎么也不能入睡，白天更是无精打采。看着隔壁的小两口忙碌而又快乐的生活，真是既美慕又嫉妒。富商的太太实在忍受不了这样的生活，对他说："老爷，您看我们挣了这么多银子，可有什么用呢？你看隔壁卖豆腐的夫妻，生活和睦、快乐，生活过得有滋有味，您这是图什么呢？"

　　是啊！他这是图什么呢？金钱对于我们来说是生活的必需品，但并不是唯一能够满足心灵的东西。人的一生只有短短的数十载，你整日为钱财奔波，就会忘记应该怎样生活，生命不是过程，而是美丽的旅途，沿途值得观赏和享受的东西那么多，为什么非要活成金钱的奴仆呢？

享受生活能够让我们感受到生命的快乐，但享受金钱则只能让自己日渐堕落。金钱就像一个无情的恶魔一样，只要你掉入了它的陷阱，就会被它无情地缠绕，于是你的生活便再无乐趣，剩下的只有"金钱"两字。整天为其困惑，受它的束缚，最终让自己的一生成为一场闹剧。

‖ 我们不为金钱生活

有位哲人曾说："财富、荣誉、地位或权力等，不管从哪种角度讲，都不是成功的标准。"

物质的需求只是最低的需求，追求自我满足才是人生的最高目标。我们获取金钱只是一种手段，是为了实现理想的手段。因此，理想要比金钱重要得多。

在现实生活中，有许多人为了实现自己的理想甘愿放弃大量的金钱。乔治·詹就是其中之一。

13岁时，乔治·詹就在马萨诸塞州的一家制鞋厂的地下室工作。有一天，他收到一封信，打开来一看，原来是纽约的宾坎顿工厂有一个领班的缺位，问他愿不愿来任职。他立即前往宾坎顿，并担任了领班的职位。不幸的是，这家工厂由于经营不善，正面临着停业的厄运。

"让我来经营一年好吗？我一定做出又好又便宜的鞋给你们看看，"乔治向大股东建议说，"工厂可以仍旧付给我领班的薪水。"于是，乔治便开始了他的经营生涯。对工厂的股东来说，这就好比溺水者抓住救命稻草似的，寻求着最后的一线生机。

出乎意料的是，几个月后，工厂就出现了一丝曙光。股东们不需要再四处奔走借款了，定期支票也能一一地按时支付了。仅仅两年的时间，工厂每星期生产的鞋就比以前多了十几倍。

这时，给乔治加薪的建议被提出来了，但是却遭到了他的拒绝。"请再等一段时间吧，"他回答道，"现在公司应该尽可能地向建设方面投资，眼下还不是分享利益的时候。"

然而，在乔治42岁时，他又拒绝了给自己加薪，反而借款将公司的股票买进了一半，这便是后来的叶迪因特制鞋公司。乔治为该公司创建了二十多家工厂，每月生产的鞋约有十几万双。

执着追求自己理想的乔治，并不十分看重金钱，他还有个在纽约州南部美丽的河流两岸建设两种典型都市的新构想，他把这一构想看作他此生奋斗的目标。

"我的王国并非在于我所持有的东西，而在于我所做的事情中。"乔治是这样说的，也是这样做的。

过于看重金钱，会使我们目光短浅，心胸狭窄。而那些真正称得上是成功者的人，往往将理想看得比金钱更为贵重。否则，成功者初期的作品所得到的那点可怜的报酬，是不能使其继续保持对自己事业的热诚的。

同时，也正是因为他们坚持了自己的理想并为之不断奋斗，他们才被世人所接受，才取得了别人无法取得的成就！

不要太好面子

对于很多人来说最为痛心的事，莫过于失去"面子"。所以，生活中，人们要千方百计地保住自己的"面子"。

其实，很多时候，我们大可不必过于计较面子，让我们看看一位小提琴家是如何对待自己的面子的。

有位世界级的小提琴家在指导演奏时，从来都不说话。

每当学生拉完一首曲子之后，他会亲自再将这首曲子演奏一遍，让学生在聆听中学习自己的拉琴技巧。

他总是说："琴声是最好的教育。"

这位小提琴家在收新学生时，会要求学生当场表演首曲子，算是给自己的见面礼，而他也先听听学生的底子，再给予分级。

某天，他收了一位新学生，琴音一起，每个人都听得目瞪口呆，

　　因为这位学生表演得非常好，出神入化的琴声有如天籁。

　　学生演奏完毕，老师照例拿着琴上前，但是，这一次他却把琴放在肩上，久久不动。

　　最后，小提琴家把琴从肩上拿了下来，并深深地吸了一口气，接着满脸笑容地走下台。

　　这个举动令所有人都感到诧异，没有人知道发生了什么事。

　　小提琴家说："你们知道吗？这个孩子拉得太好了，我恐怕没有资格指导他。最起码在这首曲子上，我的表演将会是一种误导。"

　　这时大家都明白了他宽阔的胸襟，顿时响起一阵热烈的掌声，送给学生，更送给这位小提琴家。

　　有容乃大，当小提琴家能接受学生更优于他的事实之时，在他身上也体现出令人赞叹的大师风范。

把握好自己的欲望

　　有人说，强烈的愿望使人施展全部的力量，尽力而为即是自我超越，这样比做得好还重要。胜利与失败之间不如人们想象的那么大，仅仅一念而已。

　　正如荀子所说："人，生而有欲。"这欲望包括色欲、贪欲、报复欲、自私欲、好利欲、好权欲、征服欲……欲望可以使一个人的力量发挥到极致，也可逼得一个人献出一切，排除所有障碍，全速前进而无后顾之忧。我们所做的每一件事情，都应当充分发挥我们的能力。不论是参加考试，做报告还是参加运动竞赛，都应如此。

欲望是人的本性，是理想的源泉。但是千万别忘了。欲望是把双刃剑，一半是天使，一半是恶魔，是划分善恶的起点。

一个农夫，每天日出而作，日落而息，辛苦地耕种一小片贫瘠的土地，每天累死累活，收入却只是勉强可以糊口。

一位天使可怜农夫的境遇，想帮助他，于是天使对农夫说，只要他能不停地往前跑一圈，他跑过的地方就全部归他所有。

于是，农夫兴奋地朝前跑去。跑累了，想停下来休息一会儿，然而家里的妻子儿女们都需要更多的土地来生活，想到家又拼命地往前跑……有人告诉他，你到该往回跑的时候了，不然，你就完了。农夫根本听不进。

最后，他终因心衰力竭。倒地而亡。生命没有了，土地没有了，一切都没有了，欲望使他失去了一切。

故事发人深省，正如《伊索寓言》里告诉我们的"贪婪往往是祸患的根源。"那些因贪图更大的利益而把手中的东西丢弃的人是愚蠢的。

欲望是人前进的动力。可是我们在欲望的驱使下，在前进的同时，也要知道量力而为，适可而止。不然，欲望发展至贪婪成性，就会在欲望中沉沦，迷失方向。甚至走向绝境。

别从窗口去看别人的幸福

在电影《星尘往事》中，有这样一个片段：主人公困在一节车厢里不能动弹，周围的人群面无表情。他只好转过头看车窗，他看到窗外的那节车厢里热闹非凡，人们在开派对狂欢，有个妖娆的女子还隔窗向他飞吻。他一时恍惚，对窗外的那节列车非常神往。可那节狂欢中的车厢近在眼前，却远在隔窗的铁轨那边，看得见，过不去。

其实现实中亦是如此，我们觉得有的人风光无限，坐享其成，有的人少劳多获，幸运无比。可是真相是否如此，我们也许永远看不到。他们的苦恼和焦虑，我们无从知晓。隔着不可触及不可穿越的玻璃，一切都是光鲜耀人的。

小璐是公司里人人羡慕的女孩。工作上，她年纪轻轻就爬上了副总经理的位置。生活上，家庭优越，似乎从来没有吃过什么苦。婚姻上，更是有一个疼她爱她的丈夫，她每天都被当成公主一样，被丈夫上下班接送。

可是小璐从来不跟别人说，他们所不知的事实是，那个接小璐下班的丈夫宁可在堵车路上练车技，也不愿意自己做哪怕一顿晚餐。每天傍晚，小璐和超市的蔬菜、牛肉、大米一起被接回家，以便按丈夫的要求做出荤素搭配、营养全面的三菜一汤。

公司同事们参观完小璐的家后评价："你家真干净。"这是他们眼见的事实。小璐笑了，表面是干净的。可是他们所看不见的事实是：储藏室里堆满了杂物箱，箱子里有落着灰尘的旧报纸，有换了季没来得及洗的脏衣服，有门铃响起时还扔在地上的饮料瓶，储藏室的门背后藏着刚刚用完还没顾得上淘洗的拖把。

有公司重大晚会的时候，人们看见小璐衣着光鲜、笑靥如花地出现在聚会上，人们都夸小璐真有魅力，连公司新来的同事小张都开玩笑地说自己都拜倒在小璐的石榴裙下了。人们不知道，小璐当晚默默地更新了微博：裙裾飘摇，慢声细语，姿态从容，你看到了，但，聚会前，灰头土脸趴在地上，手脚并用擦地板的那个人；聚会后，衣服扔得满地都是，躺倒在沙发上的那个人；冰箱里空空，只能吃方便面的那个人，你们没有看到。

世界上从来没有完美的人、完美的事和完美的婚姻。奥巴马的第一夫人米歇尔女士在《人物》的专访中，畅谈与丈夫奥巴马的白宫生活时，她说："我不想让大家认为婚姻是那么的轻松。我们的婚姻得以维系，是因为我们真正努力维护。我们的婚姻坚固，但不完美。"

是的，生活中那些人所知道的事实，是用来观看的；那些人所不知的事实，只有自己才能体会到。那些所谓的光鲜照人，都是虚夸的外表，往往都掩饰了那些不可与外人道的苦衷。

大学的时候，小梦是个温柔漂亮的女孩子，是人见人爱花见花开的校花，追她的人可以说从寝室排到了食堂门口，但是小梦一个也看不上。

毕业五年后，同学们都收到了小梦的喜帖。正当人们在想象着当初的校花选择了一个怎么样的金龟婿时，当新郎走过来，人们失望了。人们为小梦感到遗憾和不值。小梦选择嫁给了一个其貌不扬的男生。可能是个富二代吧？人们猜想。可是当知道这个新郎既没有优越的家境，也没有一份稳定的工作时，人们叹息："小梦疯了。"这是一桩曾经遭到所有人质疑的婚姻，这是一个曾经得不到好姐妹们认可的新郎，这是一个得不到祝福的婚姻。

时至今日，十年过去了，很多同学结婚后发现婚姻不幸福，也有一些人劳燕分飞了，但人们看到小梦和她的丈夫却依然如新婚般幸福甜蜜。这其中真正的幸福，恐怕只有小梦自己才能深深地体会，而局外人，则只能站在一个自私的角度去审视她的幸福，假想别人的感受。

幸福是一个很抽象的词语，没有谁能拿出幸福，也没有谁可以说出幸福的颜色和形状。但是，它又实实在在地闪耀在生活里。不同的人会给出幸福的不同定义。有人说，家财万贯就是幸福；有人说平淡是真，平安就是幸福；有人说做自己想做的事就是幸福；有人说得到自己追求的东西就是幸福；有人说和自己心爱的人相濡以沫就是幸福。但是，如果我们一直站在窗口，从窗口张望别人的幸福，便注定会遗失你自己的幸福。

不要拿自己对幸福的理解去衡量别人的幸福，更不要逗留在窗口去羡慕别人的幸福，只要你回过头来，用心感受，细细品味生活中的每一个瞬间，你就会发现，原来自己一直都被幸福包围着。

‖ 向上比，偶尔也向下比

在生活中，我们喜欢攀比，喜欢抱怨："谁谁昨天买了一只 LV 小包包，我什么时候才能买得起啊？""朋友到夏威夷去度蜜月，亲爱的我们去哪里？海南多没面子呀！""同事们都在四环内买房了，最不济的也在燕郊买了个两室两厅，可怜我结婚了还租着房子。""小夏的老公还擦地板呢，你能不能勤快些？""你看人家的女朋友，温柔体贴、小鸟依人，你怎么像泼妇一样？"说者无意，听者有心，你无意的一句话，其实也会让对方很不是滋味，难保有一天不会火山爆发。记住，不要用别人的皮带来衡量自己的腰。

有时候，向上比意味着失败。在薪水上向上比就再也感觉不到生活水平的提高，能力上往上比只能得到无尽的挫败感。向上比不仅带来无法承受的压力，更让人迷失了自我，活在他人的阴影里，找不到自己的目标。聪明的我们，有时候也要学会往下比。

"我昨天听隔壁老吴他媳妇说，老吴又升职了。是吧？"妻子问丈夫。"嗯。"坐在沙发上看报纸的丈夫回答。

"你怎么不跟我说呢？"

"是他升职，又不关我的事，你叫我说什么呀？"丈夫的语气有些不太高兴。

"唉，这老吴还真是有能力，连连升职，他媳妇可真幸福，找个这么好的老公。"

"你说这话什么意思？跟我过就不幸福了是吧？你要觉得老吴好，那你找人家去啊！"

丈夫火了，走进卧室把门砰的一声关上。妻子觉得莫名其妙，自己没说什么怎么就惹得丈夫发那么大脾气。

第二天，又是一个周末，为了缓和一下两人的气氛，妻子提出一起去菜场买点菜，做顿丰盛的午餐。于是拉着丈夫在菜场里买了很多菜，鸡鸭鱼肉，全是丈夫爱吃的，妻子打算在丈夫面前露一手。

当妻子挽着丈夫走出菜场的时候，妻子看见菜场边上有一对修鞋的夫妻，中午的时候没有活，他们正在吃饭。饭虽然是冷的，但他们还是吃得很开心。那位妇人用皲裂的手夹着一筷尖的肉丝往丈夫碗里放，说："吃多点，下午好接活儿。"

妻子很感动，紧紧地挽住了丈夫的臂弯，就像当年他们谈恋爱的时候一样，让升职见鬼去吧，相伴到老才是最重要的。

法国小说家杜拉斯曾说:"假如要爱,就该接受爱的全部。"没有人喜欢被比较,也没有人会在攀比中永远占优势。其实,婚姻是不能比较的。自己觉得好就行。不比较,天高海阔,如沐春风。关于幸福,要有自己的方程式。

上周是个抱怨的礼拜,A君、小B、C老板不约而同抱怨起他们的点击率来。A君的不满在于,自己最近博客的点击率直线下降,而单位有一位入行比他晚、读书比他少又年纪轻轻的小屁孩,刚毕业也刚工作,居然在开博区区半年之后,点击率已是自己的五倍,真是岂有此理。

第二位是和丈夫一起在新浪开博的小B,她的怨言是,比起她的"名人先生",她打理博客所下的功夫岂止多出三四倍,可惜人家的点击率就是轻松地比她多出一位数。

C老板是前年开始经营淘宝店的,由于服务周到,宝贝更新又快,他的生意如日中天,可是最近不知道怎么回事,点击率大大下降,还不如自己妻子工作之余新开的淘宝小店呢。

活着,并不累,累在攀比与嫉妒。如果你赚着只够吃馒头的钱,却想吃汉堡,你的生活怎么可能不拮据?但是如果你赚着能吃牛排的钱,却只是吃青菜萝卜,这个世界上,就又多了个富豪。真正的富足,是内心的富足。

成败和幸福是相对而言的。我们要有个乐观的心态,对现状,要善于向下比;对目标,要善于向上比,自然就悠然自得了。

第四章

学会爱与感恩

在水中放入一块小小的明矾，就可以沉淀所有的渣滓。同样，如果在我们的心中培养一种感恩的心态，便可以沉淀许多的浮躁、不安，消融许多的不满与抱怨。

福兰克林曾说过："你对别人好的时候，也就是对自己最好的时候。"

珍惜现在拥有的

诗人海子说："从明天起做个幸福的人，喂马劈柴，关心从明天起，关心粮食和蔬菜，我有一所房子，面朝大海，春暖花开"。海子的幸福如此简单，我们的幸福又是什么呢？也许是：干旱沙漠中的一滴水，寒冷之夜的一件衣，生病时的一句问候，休息时陪妈妈逛逛街……总之，很简单，幸福就是一种内心的满足，让人感觉舒畅和愉悦。而且幸福就在我们身边。

一天中午，一个小姑娘坐在公园的长椅上哭泣。

"可爱的孩子，你为什么哭呢？"一位中年男子走过来问她。

"我没有鞋穿，恐怕在冬天我会被冻死。"小姑娘近乎绝望地大哭起来，"冬天就要来了，夏天不穿鞋很凉快，秋天不穿鞋尚且可以忍受，可是冬天没有鞋怎么办呢？"

"可是，我幸运的孩子，你会得到保佑的，因为在这之前，上帝正忙着照顾那些没有脚的人。"小姑娘停止了哭泣，因为她看到面前的这个人坐在一个轮椅上——一场车祸夺去了他的双脚。

此时幸福恐怕就是一个女孩因为没有鞋子而哭泣，直到她看见一个没有脚的人。

其实，人世间很多烦恼都是因为欲望而起，欲望使我们没有珍惜现在所拥有的，却一味追求我们所没有的，最终弄得自己疲惫不堪。

还有人把他们拥有的和追求到的东西和别人攀比，因而陷入"比上不足"的自卑、嫉妒和不平。他们不曾认真体会自己拥有的幸福——抱怨父母不理解自己，却不知道庆幸父母还健在；唠叨孩子调皮、不争气，却不知道为自己健康活泼的孩子而骄傲；总觉得自己的爱人没有别人的好，却很少去想，有这么一个人把一生的幸福交给自己是一种怎样的信任。

所以请珍惜：珍惜亲情，珍惜友情，珍惜爱情，珍惜爱我的人和我爱的人，珍惜一切现在所拥有的。

‖ 人生处处都要感恩

感恩是非常良好的修养与心境，羊有跪乳之恩，鸟有反哺之情，我们更是有"滴水之恩当涌泉相报"的美谈。

传说，有个寺院的住持给寺院立下了一个特别的规矩：每到年底，寺里的和尚都要面对住持说两个字。第一年年底，住持问新和尚心里最想说什么，新和尚说："床硬。"第二年年底，住持又问新和尚心里最想说什么，新和尚说："食劣。"第三年年底，新和尚没等住持提问，就说："告辞。"住持望着新和尚的背影自言自语地说："心中有魔，难成正果，可惜！可惜！"

住持所说的"魔"，就是新和尚心里没完没了的抱怨。新和尚只考虑到自己要什么，却从来没有想过别人给过他什么。像新和尚这种不懂得感恩的人在现实生活中有很多。他们总觉得社会亏待了他们，他们对一切事物都不满意，总觉得自己应该得到更多，却从来不想一想他们自己为社会、为别人付出了多少。哲人说过，世界上最大的悲剧和不幸就是一个人大言不惭地说："没人给过我任何东西。"

一个不知感恩的人，是永不会满足的人，也是不懂得珍惜现在所拥有的人。他们整天怨天尤人，心中充满嫉妒，总以为别人的成果与成功是靠运气得来的。他们整天被怨恨的情绪所啃噬，搞得自己痛苦不堪。

两个行走在沙漠中的旅人，已经行走多日了。在他们口渴难忍的时候，碰见了一个骑骆驼的老人，老人给了他们每人半碗水。两个人面对同样的半碗水，一个抱怨水太少，不足以消解他身体的饥渴，抱怨之下竟将半碗水泼掉了；另一个也知道这半碗水不能完全解除身体的饥渴，但他却拥有一种发自心底的感恩，懂得珍惜这来之不易的水，并且怀着感恩的心情喝下了这半碗水。结果，前者因为拒绝这半碗水死在沙漠之中，后者因为喝了这半碗水，终于走出了沙漠。

不同的态度，出现了不同的结果。感恩者重生，抱怨者死亡。

两个旅行中的天使来到了一个富有的家庭借宿。可是这家人却拒绝让他们睡在舒适的客人卧室，而是在冰冷的地下室给他们找了一个角落。当他们铺床时，较老的天使发现墙上有一个洞，就顺手把它修补好了。年轻的天使问为什么，老天使没有回答。第二晚，两人又到了一个非常贫穷的农家借宿。主人夫妇俩对他们非常热情，把仅有的一点食物拿出来款待客人，然后又让出自己的床铺给两个天使，好让他们在一天旅途的疲劳后睡得更舒服一些。

可是第二天一早，年轻的天使发现农夫和他的妻子在哭泣，原来，他们唯一的生活来源——一头奶牛死了。年轻的天使非常愤怒，他质问老天使为什么会这样，第一个家庭那么富有，老天使还帮助他们修补墙洞，第二个家庭如此贫穷，可老天使却没有阻止奶牛的死亡。

"有些事并不像它看上去那样。"老天使答道，"当我们在地下室过夜时，我从墙洞里看到墙里面堆满了金块。可是这家的主人不行善，所以我就把墙洞填上了，让他们无法发现。昨天晚上，本来应该死去的是农夫的妻子，可是这家人是那样的好心，所以我让奶牛代替了她。"

所以，请不要对你的处境感到失望，感到悲观，认为全世界最不幸的人就是你，也许本来你应该过得更糟的，可是正因为善良的天使躲在你的身后，你才是现在这个样子。

我们每个人都应该明白，生命的整体是相互依存的，我们生活在这个世界上，处处都享受着来自各方面的"恩赐"。无论是父母的养育、师长的教诲、伴侣的关爱、朋友的帮助、大自然的慷慨赐予……人自从有了自己的生命起，便沉浸在恩惠的海洋里。一个人真正明白了这个道理，就会懂得感恩，就会觉得自己能活在这个世界上是多么的美好与幸福。因为有无数的人在帮助着我们，给我们恩惠。

对于我们的敌人，我们也要不忘感恩。因为真正促进我们的成功与进步，使我们变得机智勇敢，不是优裕和顺境，而是那些常常可以置我们于死地的打击、挫折和敌人。挪威著名的剧作家亨利·易卜生就把自己的敌人，即瑞典剧作家斯特林堡的画像放在桌子上，一边写作，一边看着画像，从而激励自己。易卜生说："他是我的死对头，但我不去伤害他，把他放在桌子上，让他看着我写作。"据说，易卜生在"死对头"目光的注视下，完成了《培尔·金特》《社会支柱》《玩偶之家》等世界戏剧文化中的经典之作。

感恩是获得幸福的源泉。在生活中，如果我们每个人都不忘感恩，人与人之间的关系会变得更加和谐、更加亲切。我们自身也会因为这种感恩心理的存在而变得更加健康、愉快！

有同情心的人更容易感到幸福

如果一个人没有了同情心，他的生活就会像他的心一样冰冷，没有生气，没有温暖。

同情心是一种高贵的品质，人人都喜欢和有着温和气质的人来往。

一天下午，孤独的瓦特森夫人在百无聊赖中又来到了海边。丈夫已经出海两个礼拜了，还是没有任何消息，虽然这也是常事，但是她依然如此强烈地思念着丈夫的归来。

她又像往常一样在海边捡贝壳，现在她最大的爱好就是收集各式各样的贝壳。在她无意间抬头的时候，她看到了岩石边有一个人，那个人正努力地攀附住一块突出的岩石，海浪一个接一个地扑着他，看上去他就像一只快被没顶的可怜的鸭子。

瓦特森夫人不知道这个人是谁，但是她决定要去救这个处于危险之中的人。可是急剧而狂怒的海浪让她的计划变得不可实现。瓦特森夫人奔跑着去哀求几位渔夫，百般劝说，最后许诺他们："只要你们能把那个人救上来，我愿意给你们一笔丰厚的报酬。"

渔夫们看在钱的面子上，派了一只船过去。就在那个人体力即将耗尽的时候，他得救了，渔夫们把他抱到船里，船很快回到了岸上。

令瓦特森夫人大吃一惊并欣喜不已的是，被救的不是别人，而是她的丈夫——威廉姆·瓦特森先生。

如果瓦特森夫人没有对那个在大海里挣扎的人付诸同情，并给予实际的帮助，她将注定永远失去她的丈夫。

同情心是对他人的苦难、艰辛和无助的感受能力。面对这样高贵和仁慈的美德，没有人不会为之动容，最大范围内的人心将归附于此。

‖ 付出是另一种收获

要得到多少，你就先得付出多少。任何东西只有先从你这儿流出去，才会有其他东西流进来。

在一个下过雨的午后，一位老妇人走进费城一家百货公司，大多数的柜台人员都不理她，但有一位年轻人却问她是否能为她做些什么。

当她回答说只是在等雨停时，这位年轻人并没有推销给她不需要的东西，也没有转身离去，反而拿给她一张椅子。

雨停之后，这位老妇人向这位年轻人说了声谢谢，并向他要了一张名片。

几个月之后这家店长收到一封信，信中要求派这位年轻人往苏格兰收取装潢一整座城堡的订单。

这封信就是这位老妇人写的，而她正是美国钢铁大王卡内基的母亲。

当这位年轻人打包准备去苏格兰时，他已升格为这家百货公司的合伙人了。

年轻人成功的原因，就在于他比别人付出了更多的关心和礼貌。

有一个人在沙漠里行走了两天，途中遇到暴风沙。一阵狂沙吹过之后，他已认不清正确的方向。正当快撑不住时，突然，他发现了一幢废弃的小屋。他拖着疲惫的身子走进了屋内。这是一间不通风的小屋子，里面堆了一些枯朽的木材。他几近绝望地走到屋角，却意外地发现了一座抽水机。

他兴奋地上前汲水，却任凭他怎么抽水，也抽不出半滴来。他颓然坐在地上，却看见抽水机旁有一个用软木塞堵住瓶口的小瓶子，瓶上贴了一张泛黄的纸条，纸条上写着：你必须用水灌入抽水机才能引水！不要忘了在你离开前，请再将水装满！他拔下瓶塞，发现瓶子里果然装满了水！他的内心，此时开始交战着——

如果自私点，只要将瓶子里的水喝掉，他就不会渴死，就能活着走出这间屋子！

如果照纸条做，把瓶子里唯一的水倒入抽水机内，万一水一去不回，他就会渴死在这地方了。到底要不要冒险？

最后，他决定把瓶子里唯一的水，全部灌入看起来破旧不堪的抽水机里，水真的大量涌了出来！

他喝足水后，把瓶子装满水，用软木塞封好，然后在原来那张纸条后面，再加上他自己的话：相信我，真的有用。在取得之前，要先学会付出。

人生就是这样，如果我们不先往抽水机里灌水，我们就不能得到大量涌出来的水；如果我们不先付出，我们就不能获得回报。

可以说，每一个事业有成的人，在成功的路上，都曾经得到别人许多帮助。因此我们应该对别人的付出作出回报，这是公平的游戏规则。

想想看，如果每一个人都为他人付出，终其一生帮助他人，世界将变得多么和谐与美好！

‖ 吝啬者的生活不幸福

著名哲学家罗素先生曾指出："对财产先入为主的观念，比其他事更能阻止人们过自由而高尚的生活。"其意思就是说一定要摒弃吝啬的不良习惯。

生活中有一类人被称作"自私自利的朋友"。这种朋友以自我为中心，朋友为我所利用，用人时朝前，不用人时退后。别人是他友谊的附庸，他是居高临下的感情施舍。

从前，有个忠实的小伙子叫汉斯，他独自住在一间小屋子里，他非常勤劳，拥有一座村庄里最美丽的花园。小汉斯有很多的朋友，但其中有一个是他最要好的朋友，叫大休，是个磨坊主。磨坊主是个很富有的人，他总自称是小汉斯最忠厚的朋友，因此他每次到小汉斯的花园来时，都以最好的朋友的身份拎走一大篮子各种美丽的鲜花，在水果成熟的季节还拿走许多水果。

磨坊主经常说："真正的朋友就该分享一切。"可是他从来没有给过小汉斯什么回赠。

冬天的时候，小汉斯的花园枯萎了。"忠实的"磨坊主朋友却从来没去看望过孤独、寒冷、饥饿的小汉斯。

磨坊主在家里发表他关于友谊的高论："冬天去看小汉斯是不恰当的，人们经受困难的时候心情烦躁，这时候必须让他们拥有一份宁静，去打扰他们是不好的。而春天来的时候就不一样了，小汉斯花园里的花都开放了，我去他那儿采回一大篮子鲜花，这会让他多么高兴啊。"

磨坊主天真无邪的儿子问他："爸爸，为什么不让小汉斯到咱们家来呢？我会把我的好吃的、好玩的都分给他一半。"

谁想到磨坊主却被儿子的话气坏了，他怒斥这个白白上了学、仍然什么都不懂的孩子。他说："如果小汉斯来到我们家，看到了我们烧得暖烘烘的火炉、我们丰盛的晚饭，以及我们甜美的红葡萄酒，他就会心生妒意，而嫉妒则是友谊的大敌。"

这是一篇童话故事，是讲给孩子们的，然而现实生活中这种虚假友谊可不少见，心眼实的人许久都被蒙蔽着。但是他们终究会有识破真相的一天，这种"朋友"最终一定会被人唾弃的！

吝啬真的能给吝啬者带来愉快吗？不能。其实吝啬者的生活是最不安宁的，他们整天忙着的是挣钱，最担心的是丢钱，唯恐盗贼将他的金钱全部偷走，唯恐一场大火将其财产全部吞噬掉，唯恐自己的亲人将它全部挥霍掉，因而整天提心吊胆、坐立不安，他们永远是不愉快的。

吝啬能给吝啬者带来幸福吗？不能。因为"小气"，因为狭隘，所以在这类人身上很少有"真情"二字，所以其内心世界是极其孤独的。尤其是当他们有难的时候（比如在病中），他们才会感到缺少感情支持的悲怆，才会感到因为吝啬而失去的东西实在太多了，才会充分感觉到金钱的无能。

▌感谢帮助过你的人

一位哲人曾经这样说：在这个世界上存在的最大悲剧以及最大的不幸就是独自一个人的时候可以大言不惭地说："没有人

给过我幸福，也没有任何一个人给过我帮助，我不需要感恩任何一个人。"对自己的生活怀揣一颗感恩的心，即便遇上再大的灾难，心中也会充满阳光。

在日本，素有"推销之神"之称的原一平最推崇的就是"三恩主义"，也就是所谓的"社恩、佛恩和客恩"。

即便身为"推销之神"，原一平也从来没有改变过内心的意念，从来不会为任何的成功骄傲，相反，他的为人十分谦恭，将公司的苦苦栽培之情记在心中，在原一平看来，若是没有公司的栽培和平台，就不会有今天的自己。所以他非常尊敬公司，就连晚上睡觉的时候脚也不会朝向公司的方向，这就是所谓的"社恩"。原一平之所以可以获得这样的成功，除了自己多年的辛苦拼搏之外，董事长的知遇和苦心栽培同样功不可没。但是，在他的心里最感激的还是自己的启蒙恩师吉田胜逞法师和伊藤道海法师，若是没有他们的细心指导和指点迷津，也许现在的原一平依然是一个无名小卒！这就是所谓的"佛恩"。对于自己的同事和参加保险的客户心怀感激，这就是原一平推崇的"客恩"。

根据原一平的叙述：他的所得除了10%留为己用外，其余的都会回馈到公司和客户手里。因为原一平对公司怀着一种感恩的心态，因此原一平将公司的利益放在第一位，处处为公司着想，对于客户的服务更是表现得无微不至，如此便锻炼了自身的能力，磨炼了自己的意志，得到上司及客户的一致好评，更因此走上了事业的最高峰。

怀着一颗感恩的心，可以让我们浮躁的心变得平静，同时也可以让我们用一种全新的角度看待身边的事物。

一位研究心理的教授曾经做过这样一个实验。他在人们毫无戒备的情况下，在一群素不相识的人中随机抽样，给挑选出来的人寄去了圣诞卡片。虽然他估计也许会有一些回音，但是令他意想不到的是，大部分收到卡片的人，都给他回了一张卡片！虽然这些只是一些素昧平生的陌生人！

这些给他回赠卡片的人，没有一个人想过要去打听这位陌生教授究竟是谁。当他们收到圣诞卡片时候，便回复了一张。也许他们只是在想，这位教授一定认识自己，只是自己忘记罢了，又或者是因为这个教授因为什么事情才会寄这样的卡片给自己吧。不论是哪一种情况，自己都接受了别人的善意，总之是要回寄一张，再把这份善意传达回去。

虽然这个实验非常小众，却充分证明了这样一个道理——互惠定律。在你从别人那里得到恩惠的时候，总是觉得应该回报给对方。若是一个人出手相助，帮了我们一次，我们也要帮他一次，又或者是送给他礼物，或者是请客吃饭，权当感谢；若是有幸被别人记住了生日，并且还送礼物给我们，那我们也要同样给予回应。

孝顺父母是第一位的

谈到感恩，对我们恩泽最大的应该就是生我们、养我们的父母了。假如用深海、高山作喻应该毫不为过。自古就有"百善孝为先"的警句，为人子女，最大的责任和美德就是孝顺父母，假如连自己的父母都不知道感恩的话，无论他在其他方面多么优秀，也枉为人子。就像下面的故事里，明明有三对母子，为什么禅师却说只看见了一个儿子呢？

禅师化缘途中小憩，听见三位聚在河边一起洗衣服的妇人在聊天。

一位妇人说："我的儿子比别人身体灵巧。"

另一位妇人说："我的儿子唱起歌来无人能及。"

第三个妇人喏喏半天，不好意思地说："我实在想不出我的儿子有什么值得夸耀的天赋。"

随后，三位妇人各自端着盛着衣服的木盆返回村子，并争着请禅师去她们家用斋饭。

木盆很沉，三位妇人在路上歇了好几次。来到村口时，三位妇人的儿子都跑出来迎接自己的母亲。

第一位妇人的儿子一连翻了好几个筋斗，赢得了村人的高声喝彩，他也面露得意之色。

第二位妇人的儿子唱出了美妙的歌曲，他的歌声确实非常动听，大家也止不住地点头夸奖。

第三位妇人的儿子只是低着头快步跑到母亲跟前，从她手里接过了木盆。

3位母亲转头问禅师："你觉得我们的儿子怎么样？"

禅师回答："你们的儿子？可我只看到一个儿子而已。"

尊敬长辈是作为子女的基本要求，容貌、才华、智慧、技能固然可贵，但它们都要排在美德的后面。

有个年轻人很早就没了父亲，他与母亲相依为命，生活很贫困。

后来年轻人由于苦恼而迷上了神佛之道。母亲见儿子整日神神道道、不务正业的痴迷样子，对他苦劝过多次。但年轻人对母亲的话不理不睬，甚至把母亲当成他成仙的障碍，有时甚至对母亲恶语相向。

有一天，年轻人听别人说远方的山上有位品德高尚的道长，便想去向道长讨教成仙之道，他怕母亲阻拦，便瞒着母亲偷偷从家里出走了。

他一路上跋山涉水，历尽艰辛，终于找到了那位道长。

听完年轻人的情况，道长沉默良久。当年轻人问道长如何才能成仙时，道长说："看你一腔赤诚，我可以给你指条路。吃过饭后，你即刻下山回家，在路上但凡遇到有赤脚跑来为你开门的人，这人就是你所谓的仙。你只要悉心侍奉，拜他为师，成仙飞升是再简单不过的事情！"年轻人听了非常高兴，谢过道长，就迫不及待地下山了。

第一天，他投宿在一户农家里，男主人为他开门时，他仔细看了看，男主人没有赤脚。

第二天，他投宿在一个富有的人家里，更没有人赤脚为他开门。他不免有些沮丧。

第三天、第四天……他一路上投宿了无数人家，却一直没有遇到高僧所说的赤脚开门人。他开始对高僧的话产生了怀疑。马上就要到自己家时，他彻底失望了。日落时，他没有再投宿，而是连夜赶回家。到家时已是午夜时分。疲惫的他费力地叩动了门环。屋内传来母亲苍老惊悸的声音："谁呀？"

"是我，妈妈。"他沮丧地答道。

门很快打开了，一脸憔悴的母亲一面大声叫着他的名字，一面把他拉进屋内。在灯光下，母亲流着泪端详他。这时，他一低头，蓦地发现母亲竟赤着脚站在冰凉的地上！

刹那间，他想起了道长的话。

年轻人泪流满面，满怀愧疚，"扑通"一声跪倒在母亲面前。

母爱永远是伟大的，在你失意、忧伤甚至绝望的时候，总是能够从母亲那里得到最大的感情支持。

父母在我们成长过程中无怨无悔地付出。当我们还是胚胎、尚未诞生时，就获得了来自父母的深切感情和无尽期望。而我们降临这个世界以后，父母生命的意义几乎大半落在了我们身上。随便问一个有子女的人："你生命中最重要的人是谁？"绝大多数人的答案都是"孩子"。

在父母面前，我们永远是需要照顾的孩子。父母对我们总是倾其所有地付出。父母是我们人生中的一棵枝繁叶茂的大树，为我们遮风避雨，抵挡烈日风霜。年少时，我们爬上树干玩耍；疲倦了，靠在树上歇息。长大了，我们不愿与树玩耍了，树甘愿奉上丰硕的果实，为我们的人生和未来尽心尽力。要成家了，树奉献出自己的枝干，为我们建造一个属于自己的家。当我们想出外闯荡时，树会用自己的躯干为我们造艘乘风破浪的船；当我们疲惫不堪、伤痕累累地归来，即便树已只剩一个树桩，也会给我们一个可以放心休息的地方安然入睡。

父母总在无私地奉献着，我们的忧伤便是他们的忧伤，我们的快乐便是他们的快乐。我们在为自己的事业、家庭忙碌时，总是无暇顾及远方或身边的父母；当出现变故、陷入困境时，首先想到的便是年迈的父母。不能对父母予取予求之后再抛弃他们，你问问自己的良心，这样做真的能让你心安么？

卫国的一位名叫开方的贵族，在齐国做官，十年都没有请假回卫国。然而，管仲却把他开除了，理由是开方在齐国做了十年的官，从来没有请假回去看望父母，像这样连自己父母都不爱的人，又怎么会爱自己的君主呢？怎么可以为相呢？

在父母为我们付出那么多之后，如果我们连起码的回报都没有，谁还会相信我们心中有爱呢？一个心中无爱、冷酷无情的人，又有谁敢和他结交、愿意和他结交呢？

知恩获得好心情

富兰克林曾说过："你对别人好的时候，也就是对自己最好的时候。"就像一杯水满得快要溢出来了，可这时你仍想要加冰块，那怎么才能使它不洒的到处都是，还能加进去冰块呢？答案就是把多余的水倒给需要它的人，这样不仅他对你心存感激，且你的冰块也可以顺利地加进去了。所以说，在别人对你心存感恩之心的时候，也并不见得你就要有所损失，相反，这也会有益于你自己。受者感恩，予者也会同样感觉到快乐。

一次，美国前总统罗斯福家失盗，被偷走了很多东西。一位朋友得知后，忙写信去安慰他，劝他不必太难过。而罗斯福却给朋友写了一封这样的回信："亲爱的朋友，谢谢你能来信安慰我，我很平安所以很好。感谢上帝：因为第一，贼偷走的是我的东西，并没有伤害我的性命；第二，贼偷走的只是我一部分东西，而不是全部；第三，也是最值得庆幸的是，做贼的是他，而不是我。"

对任何一个人来说，失盗绝对是一件不幸的事情，而罗斯福却找出了可以感恩的三条理由。

现实生活中，我们经常可以看到这样一种人，他们总是在不停地埋怨着，"真遗憾，今天的天气坏到了极点""太倒霉了，又被老板训斥了一顿""天呐，车上人怎么这么多，他们都不用工作吗！"这个世界对他们来说，似乎永远没有快乐的事情，在他们的眼里，每时每刻看到的都是不开心的事情，于是总是在不停地抱怨：抱怨生活、抱怨社会，上帝似乎一点恩赐都没有给予他们。但实际情况是什么样子呢？

在法国一个偏僻的小镇上，传说有一个特别灵验的水池，经常会出现神迹，可以医治百病。有一天，一个拄着拐杖，少了一条腿的退伍老兵，一跛一跛的走过镇上的街道，旁边的镇民带着同情怜悯的口吻说："真是可怜的家伙，但是难道他要向上帝祈求再有一条腿吗？"这一句话被退伍的老兵听到了，他并没有生气，而是转过身对他们说："我不是要向上帝祈求再给我一条腿，而是感谢他在战火中还让我保住了这一条腿，起码我现在不用坐轮椅，还可以靠自己走路。"

日常生活中经常会有一些让我们开心或者不顺心的事情，心胸狭隘、自私的人往往抱怨不断，而对生活心存感恩的人则会一笑置之。因为他们明白有些事情是不可避免的，有些事情是无力改变的，也有些事情是无法预知的。能补救的尽力去挽回就好，无力转变的只能坦然受之，但是不管面对哪种情况，都要心怀感恩，这样才能更加积极地去生活。

有一位博士已经瘫痪在床十几年了，但他的生活过的始终既充实又快乐。他遵循威尔士王子的誓言"我服务大众"。在瘫痪的这十几年中，他收集了许多瘫痪病人的地址，然后给他们寄去鼓励的信，帮助他们从痛苦悲伤中走出来，并学会感激生命所给予自己的。

后来，他觉得一个人的力量是有限的，便组织了一个瘫痪者俱乐部，而这个俱乐部的唯一形式，就是写信，让大家互相寄去鼓励安慰的话。几个月过去了，这些病人惊喜地发现，当自己在鼓励别人从病痛中走出来的时候，自己也得到了解脱，得到了力量。现在，这个组织已经成为全国性的慈善组织。病友们已经完全把它当成了一种生活方式，并且自信、满怀希望、心存感恩地生活着。

其实，生活在给予我们挫折的同时，也赐予了我们坚强，让我们有了另一种阅历。所以说，生命从不吝啬，只要你用一颗包容的心，去看待生活，接纳生活所给予的恩赐，那你便可以得到幸福。酸甜苦辣不是生活的基本，但也不是生活的全部。试着用一颗感恩的心去体会，你就会获得好心情，发现不一样的人生。

第五章——
宽容与助人

　　宽容，显示的是博大的胸怀，是一种不拘小节的人生态度，更是一种生活的方式。你不计较别人的错误，不但给了别人机会，同时也展示了你的涵养，得到了他人的信任和尊敬。助人，显示的是一种无私的精神，一种"达则兼济天下"的使命感，在困境的时候能够拉别人一把，这样别人在你遇到难题的时候，也会伸出援助之手。

记住，给予就会被给予

给予就会被给予，剥夺就会被剥夺。同样，爱就会被爱，恨就会被恨。

有一对贫穷的夫妇约翰和珍妮。约翰在铁路局干一份扳道工兼维修的活，又苦又累；珍妮在做家务之余就去附近的花市做点杂活，以补贴家用。

冬天的一个傍晚，小两口正在吃晚饭，突然响起了敲门声。珍妮打开门，门外站着一个冻僵了似的老头，手里提着一个菜篮。"夫人，我今天刚搬到这里，就住在对街，您需要一些菜吗？"老人的目光落到珍妮缀着补丁的围裙上，神情有些黯然了。"要啊，"珍妮微笑着递过几个便士，"胡萝卜新鲜呢。"老人浑浊的声音里又有了几分激动："谢谢您了。"

关上门，珍妮轻轻地对丈夫说："当年我爸爸也是这样挣钱养家的。"

第二天，小镇下了很大的雪。傍晚的时候，珍妮提着一罐热汤，踏过厚厚的积雪，敲开了对街的房门。

两家很快成了好邻居。每天傍晚，当约翰家响起卖菜老人的敲门声时，珍妮就会捧着一碗热汤从厨房里迎出来。

圣诞节快来时，珍妮与约翰商量着从开支中省出一部分来给老人置件棉衣："他穿得太单薄了，这么大的年纪每天出去挨冻，怎么受得了。"约翰点头默许了。

珍妮终于在平安夜的前一天把棉衣赶成了。平安夜那天，珍妮还特意从花店带回一枝处理玫瑰，插在放棉衣的纸袋里，趁着老人出门购菜，放到了他家门口。

两小时后，约翰家的木门响起了熟悉的敲门声，珍妮一边说着圣诞快乐一边快乐地打开门，然而，这回老人却没有提着菜篮子。

"嗨，珍妮，"老人兴奋地微微摇晃着身子，"圣诞快乐！平时总是受你们的帮助，今天我终于可以送你们礼物了，"说着老人从身后拿出一个大纸袋，"不知哪个好心人送在我家门口的，是很不错的棉衣呢。我这把老骨头冻惯了，送给约翰穿吧，他上夜班用得着。还有，"老人略带羞涩地把一枝玫瑰递到珍妮面前，"这个给你，也是插在这纸袋里的，我淋了些水，它美得像你一样。"

娇艳的玫瑰上，一闪一闪的，是晶莹的水滴。

奉献爱心，去爱身边的人，是每个人都很容易做到的事。

一句话、一个微笑、一束花就够了，这对我们并不损失什么，却可能因此帮助别人走出困境，同时也美丽了自己的一生，何乐而不为呢？

给予就会被给予，剥夺就会被剥夺。爱就会被爱，恨就会被恨。

把心胸放宽才能赢得幸福

在这个世界上，许多人都会因为自己面临的困境而抑郁。

崔永元患抑郁症的事，跟他的《实话实说》一样出名，报道早在前些年就沸沸扬扬，大书特书。这里就不详说，仅说他抑郁的原因。崔永元因《实话实说》出名后，感觉身上的担子重了，想把它办得更好；另外，各地电台对其的纷纷模仿，使得收视率下降，人们对节目的要求逐渐变高，让他遇到了巨大的压力和挑战。久而久之，就得了抑郁症。

患抑郁症，在国外也很多。戴高乐第二次担任法国总统时，整日感叹自己的年龄，因为他将近七十岁了，他说："我回来晚了十年，我已经老了，一切都已经迟了。无论对法国来说，还是对我自己来说，都迟到了 20 年，我已经不能够面对命运的挑战。"

美丽高贵的戴安娜王妃在逝世前，就得过 4 次抑郁症，其病因主要是与查尔斯王子的感情不和，貌合神离，因此引发婚姻危机；其次是生育两个王子，尤其是生育威廉王子后，戴安娜出现了严重的抑郁症。尽管戴安娜的直接死因不是抑郁症，但生活的不如意而导致抑郁症，却是真的。

韩国一线明星李恩珠，是位气质清新的女演员。平时为人低调，不太爱在公众场合抛头露面，但仍逃不过众多"绯闻"新闻，这给她造成了极大伤害，心里的阴影始终挥之不去，最终选择以结束生命来逃避一切。

从上面的例子可以看出，不论人们从事何种职业，都有可能会得抑郁症，抑郁症对人的危害真是太大了。那么，得了抑郁症是否有办法解决？回答是肯定的，尽管有不少人因抑郁而走上了绝路，但不是说它是不治之症。以上面的名人为例。戴高乐因年龄大而感到抑郁，他的朋友联邦德国总理阿登纳劝慰戴高乐："将军，要知道我的年纪比您大 14 岁，可是您看我，不是照样信心十足，领导着德国人民在前进吗？我相信，一个人是可以跃过年龄障碍的，就像飞行员，不也能突破音障吗？人只要跃过了自己的年龄障碍，相信一定能焕发出'第二次青春'。不要担心年龄问题啦！"就这么一席话，戴高乐总统的心一下宽敞明亮起来了。

心理学家指出，人们之所以抑郁，就是因为心不宽。思维集中在了牛角尖里，自然就难于开窍。

有这么一个寓言故事。渔夫出海捕到一条非常漂亮的鱼，他的小儿子见了，很喜欢，就想把鱼养起来。渔夫同意了，小儿子弄了个鱼缸，把鱼放了进去。看着鱼一天到晚不停地游来游去，小儿子高兴极了，可这条鱼并不愉快，它觉得太不自由了，因为游不了多久就会碰到鱼缸的内壁。

　　小儿子鱼养得勤，每天都保证给鱼喂食，鱼也慢慢地长大了，以至在这个鱼缸中转身都困难，小儿子又换了个大一点的鱼缸，可鱼还是闷闷不乐，因为它还是感到依然会碰到鱼缸的内壁。这时，它不由得想，要是能不生活在这里，该多好呀，过这种老在原地转来转去的生活实在太没意思了。终于，他决定干脆不游了，甚至还发展到绝食的地步。

　　小儿子想尽了所有办法，也不见鱼快乐地游，忍不住问："鱼儿，你为什么这样啊？"

　　鱼如实地回答："整天待在这么大的一个地方，就好比井底之蛙，只能在这么小的一个地方活动，看到这么一个小的天空，我感到很不自由，因此痛苦。我想，要是能到大的地方去生活就好了。"

　　小儿子很同情鱼，于是把它放入大海。鱼不停地游啊游，可心中还是高兴不起来。有条鱼问它："朋友，你怎么看上去一副闷闷不乐的样子呀？"

　　它长长地叹了一口气："唉！这个鱼缸怎么这么大呀，我花了将近一天的时间，还游不到头！"

　　与其问世界有多大，不如问你的心到底有多大。心有多大，你的世界就有多大，如果你的心只有鱼缸那么大，那就算给你一个海洋，你也找不到自由的感觉。

　　还有这样一个故事，与上面寓言所讲的道理，如出一辙，也很引人深思。

一个年轻人总被烦恼所困，整日闷闷不乐。一日，他向佛求教快乐之道。佛微笑着要年轻人将桌上的杯子倒满白开水，然后要他加一勺盐于杯中，问他味道如何，年轻人一尝，大呼：好咸！佛又微笑着问，如果你把这一勺盐放到大海里，又会怎么样？年轻人毫不犹豫地说，别说一勺盐，就是一大堆盐放进去也不会咸。佛说，假如你的心是一片海，还会为烦恼所困吗？

原来，只要"心宽如海"，我们就不会烦恼，我们一直所在乎的东西，只不过是那么一勺盐罢了。

世界上没有理想国，世界上也没有桃花源，世界上的生活并非能如我们所愿。

可很多人总爱跟生活较劲，太在意别人言行，自然就会感到烦恼，患上抑郁症。

到了这个时候，其实我们时时都应当明白，我们该宽心了。只有心胸放宽了，积郁在肚腹里的毒才能排出。

春在心中

郭沫若是近代中国伟大的文学家，他曾经在游览普陀山时做过一件"以文救人"的善事。

有一次，郭沫若前往普陀山游览，当他来到梵音洞时，看见地上有一本日记。这时，一阵风把日记吹动，翻开了其中一页，两行清秀的字体把他的视线吸引过去。

郭沫若把日记捡起，只见扉页上写着的原来是一副对联：

年年望年年失望，处处寻处处难寻。

横批是：春在哪里？

当他翻到第二页时，却看到了一首凄凄惨惨的绝命诗，落款处写的正是当天的日期。郭沫若心中不禁焦急万分，赶忙四处寻找日记的主人。

经过一番搜索，他终于在悬崖上找到了这个人。她是一位神色抑郁、面容忧虑的姑娘，举止神态均有些失常，正准备要自寻短见。

经过了解，得知姑娘的名字叫李真真，曾三次参加高考而三次落榜，爱情上又受到了挫折。于是，她觉得再活下去已经毫无意义，便决定"魂断普陀"。

郭沫若凝神静听她诉说完悲惨的遭遇后，便以赞赏和鼓励的口吻说："我看过你写的一副对联，那对联反映出你已经具有相当高的文化水平——不过，论调有点低沉，我给你改一改好不好？"

姑娘对这位突如其来的陌生老者的话，颇感诧异。但此刻她已心灰意冷，只略略地点了点头。

于是，郭沫若说："你那副对联，不妨改成'年年失望年年望，事事难成事事成。'横批是'春在心中'。你听听，怎么样？"

姑娘眼里立即闪出光彩，显然大受启发。

郭沫若趁机道："我再送你一副对联，是《聊斋志异》的作者蒲松龄科考落第后的自勉联。上联是：有志者，事竟成，破釜沉舟，百二秦关终属楚；下联是：苦心人，天不负，卧薪尝胆，三千越甲可吞吴。"

说完后，郭沫若又讲了对联中有关楚霸王项羽与越王勾践的两个典故，以及蒲松龄在生命低潮期作此联以自勉的用意。

姑娘听后，马上感到自己的寻死的确太愚昧、太轻率了。她心中的抑郁情绪得到了开解，对前途渐渐恢复了乐观和信心。她请郭沫若把这两副对联都写在她的日记上。

郭沫若高兴地提起笔，把对联写出来，并且署上了自己的名字。姑娘得知这位睿智长者竟然是自己久仰的文坛巨星，更是感到惊喜万分。她对郭沫若又感恩又钦敬，更加坚定了走出绝境的信心。

在人生的低潮期，一定不要让思想总是停留在痛苦和失意的状态中，甚至走向极端。而应该及时转换脑筋，多想想这样的问题："从这件事中我能学到什么？能够发现什么？"要树立"所有的事都是在帮助我成长"的积极心态，这样才能打破沮丧的困境。以积极的心态去面对人生，你就是生活的强者，也必将等到转机的到来。

宽恕别人，放过自己

一个周五的早晨，杰西卡的礼品店依旧很早开门。杰西卡静静地坐在柜台后边，默默地欣赏着礼品店里各式各样的礼品和鲜花。

忽然，礼品店的门被推开了，走进来一位年轻人。他的脸色显得很阴沉，眼睛浏览着礼品店里的礼品和鲜花，最终将视线固定在一个精致的水晶乌龟上面。

"先生，请问您想买这件礼品吗？"杰西卡亲切地问。可是，年轻人的眼光依旧冰冷。

"这件礼品多少钱？"年轻人问了一句。

"50元。"杰西卡回答道。

年轻人听杰西卡说完后，伸手掏出50元钱甩在橱窗上。杰西卡很奇怪，自从礼品店开业以来，她还从没遇到这样豪爽、慷慨的买主呢。

"先生，您想将这个礼品送给谁呢？"杰西卡试探地问了一句。

"送给我的新娘，我们明天就要结婚了。"年轻人依旧面色冰冷地回答着。

杰西卡心里咯噔一下：什么？要送一只乌龟给自己的新娘，那岂不是给他们的婚姻安上一个定时炸弹？杰西卡想了一会儿，对年轻人说："先生，这件礼品一定要好好包装一下，才会给您的新娘带来更大的惊喜。可是今天这里没有包装盒了，请您明天早上再来取好吗？我一定会在今天晚上为您赶制一个新的、漂亮的礼品盒……"

"谢谢你！"年轻人说完转身走了。

第二天清晨，年轻人早早地来到了礼品店，取走了杰西卡为他赶制的精致的礼品盒。

年轻人匆匆地来到了结婚礼堂——新郎不是他而是另外一个年轻人！年轻人快步跑到新娘跟前，双手将精致的礼品盒捧给新娘后，转身速速地跑回了自己的家中，焦急地等待着新娘愤怒与责怪的电话。

在等待中，年轻人的泪水扑簌簌地流了下来，他有些后悔自己这样的做法。傍晚，刚刚结束婚礼的新娘便给他打来了电话："谢谢你，谢谢你送我这样好的礼物，谢谢你终于能明白一切了，能原谅我了……"

电话那一边的新娘高兴而感激地说着。年轻人万分疑惑，但他什么也没说，便挂断了电话。忽然他似乎又明白了什么，于是迅速地跑到了杰西卡的礼品店。

推开门，他惊奇地发现，在礼品店的橱窗里依旧静静地躺着那只精致的水晶乌龟！原来，杰西卡临时决定将礼物变成了漂亮的水晶百合。

一切都已经明白了，年轻人静静地望着眼前的杰西卡。而杰西卡依旧静静地坐在柜台后边，冲着年轻人轻轻地微笑了一下。年轻人冰冷的面孔终于在这瞬间变成一种感激与尊敬："谢谢你，谢谢你，让我又找回了我自己。"

给人一点宽恕，它将带给人一分重新获取生活的勇气，去面对一生中的另一个幸福时刻。

▌尊重别人

尊重是一种美德，也是一种修养。要想得到别人的真心，就要学会尊重别人。尊重别人就是尊重自己。

乔治·华盛顿是人所共知的美国第一任总统，他领导了美国人民为了自由、为了独立浴血奋战。

华盛顿为什么能成功呢？关键的因素之一就是华盛顿赢得了美国人的信任和敬重。他很懂得领导的艺术，他了解他人、尊重他人。

有一天，华盛顿身穿没膝的大衣独自一个人走出营房。他所遇到的士兵，没有一个人认出他。在一个地方，他看到一个下士领着手下的士兵正在修筑街垒。

那位下士把自己的双手插在衣袋里，只是对抬着巨大石块的士兵们发号施令。尽管下士的喉咙都快要喊破了，士兵们经过多次努力，还是不能把石头放到位置上。

士兵们的力气快要用完了，石块眼看着就要滚下来了。

这时，华盛顿已经疾步上前，用他强劲的臂膀顶住石块。这一援助很及时，石块终于放到了位置上。士兵们转过身，拥抱华盛顿，并表示感谢。

华盛顿问那个下士说："你为什么光喊加油，而把自己的双手放在衣袋里？"

"你问我？难道你看不出我是这里的下士吗？"那下士鼻孔朝天，背着双手，倨傲地回答说。

华盛顿听那下士这样回答，就不慌不忙地解开自己的大衣纽扣向那个傲气十足的下士露出自己的军服，说："从衣服上看，我是上将。不过，下次再抬重东西时，你就叫上我。"

那个下士这时才知道自己面前的这位是华盛顿本人，他一下子羞愧到了极点。

伟大的人之所以伟大，就在于他绝不做那种逼迫别人尊重自己的蠢事。赢得尊重，首先要尊重别人。

取大节，宥小过

　　谁都会犯错误，朋友之间、上下级之间有所冒犯的事情也在所难免。如果锱铢必较，只会为自己增添一个仇人，若是宽容以待，说不定就能多一个朋友。

　　公元前 606 年，楚庄王率领军队一举平定了斗越椒的反叛，天下太平。楚庄王兴高采烈地设宴招待大臣，庆祝征战胜利，并赏赐功臣。

　　文武百官都在邀请之列，只见席中觥筹交错，热闹异常。到了日落西山，大家似乎还没有尽兴。楚庄王便下令点上烛火，继续开怀畅饮，并让自己最宠幸的许姬来到酒席上，为在座的宾客斟酒助兴。文武官员都已经喝得差不多了，见到许姬的美貌，便忍不住多看几眼。

　　突然，外面一阵大风吹来，宴席上的烛火熄灭了。黑暗之中有人伸手扯住许姬的衣裙，抚摸她的手。许姬一时受到惊吓，慌乱之中，用力挣扎，不料正抓住那个人的帽缨。她奋力一拉，竟然扯断了。她手握那根帽缨，急急忙忙走到楚王身边，凑到大王耳边委屈地说："请大王为妾做主！我奉大王的旨意为下面的百官敬酒，可是不想竟有人对我无礼，乘着烛灭之际调戏我。"

楚庄王听后，沉默不语。许姬又急又羞，催促他："妾在慌乱之中抓断了他的帽缨，现在还在我手上，只要点上烛火，是谁干的自然一目了然！"说罢，便要掌灯者立即点灯。

楚庄王赶紧阻止，并且高声对下面的大臣说："今日喜庆之日难得一逢，寡人要与你们喝个痛快。现在大家统统把官职帽放置一旁，毫无顾忌地畅饮吧。"

众大臣见大王难得有这样的好心情，都投其所好，纷纷照办。等一会儿点烛掌灯，大家都不顾自己做官的形象，拉开架势，尽情狂欢。后来人们都管这场宴会叫"绝缨会"。

许姬对庄王的举措迷惑不解，仍然觉得委屈，便问："我是您的人，遇到这种事情，您非但不管不问，反而还替侮辱我的人遮丑，您这不是让别人耻笑吗？以后怎么严肃上下之礼呢？妾心中不服！"

庄王笑着劝慰说："虽然这个人对你不敬，但那也是酒醉后出现的狂态，并不是恶意而为。再说我请他们来饮酒，邀来百人之欢喜，庆祝天下太平，又怎么能扫别人兴呢？按你说的，也许可以查出那个人是谁。但如果今日揭了他的短，日后他怎么立足呢？这样一来。我不就失去了一个得力助手吗？现在这样不是很好吗？你依然贞洁，宴会又取得了预期的目的，那人现在说不定也如释重负。"

许姬觉得庄王说得有理，考虑得也很周全，就没有再追究。

两年后，楚国讨伐郑国。主帅襄老手下有一位副将叫唐佼，毛遂自荐，愿意亲自率领百余人在前面开路。他骁勇善战，每战必胜，出师先捷，很快楚军就得以顺利进军。庄王听到这些好消息后，要嘉奖唐佼的战绩。唐佼站在庄王面前，腼腆地说："大王昔日饶我一命，我唯有以死相报，不敢讨赏！"

楚庄王疑惑地问："我何曾对你有不杀之恩？"

"您还记得'绝缨会'上牵许姬手的人吗？那个人就是我呀！"

以楚庄王的地位都会对臣子的不敬隐忍宽恕，这是因为他明白"金无足赤，人无完人"的道理。谁都有可能犯错，但只要无伤大雅，只要不是心怀恶意，那么能容则容能忍则忍，扬其优而隐其缺，倘若求全责备，则世上无人才可用了。

汉朝袁盎的事例与楚庄王不辱绝缨者之事相近。袁盎做吴王的相国时，手下有位从史和袁盎的侍妾私通。袁盎知道此事后并没有张扬，但从史还是知道了奸情败露，吓得仓皇逃走。

袁盎亲去追回从史，从史面色如土，以为自己要被重罚，谁知道袁盎把侍妾带到他身边，说："你既然喜欢她，她就是你的了。"

从此，他待从史还是和过去一样。后来从史离开他去别处为官。

景帝时，袁盎入朝当了太常。他出使吴国时，正好赶上吴王预谋反叛。吴王派了五百人包围了袁盎的住处，要杀死袁盎。袁盎对自己的危机却一无所知，幸好围守袁盎的校尉司马买了二百石好酒，把五百人灌醉，然后通知了袁盎。

袁盎十分惊异，问："您是谁？为什么要帮我？"

司马说："您不记得原来与您的小妾有私情的从史了吗？"

袁盎这才知道现在救了自己性命的，原来就是当年那个从史。

古人说："取大节，宥小过，而士无不肯用命矣。""宥"是指宽恕，不懂包容智慧的人是做不到"取大节，宥小过"的，事实上他们更容易对"小过"计较不放，这样自然会失去人心，让自己在为人处世的路上越走越艰难。

‖ 宽恕别人就是善待自己

法国著名作家雨果有句名言："世界上最宽阔的是海洋，比海洋更宽阔的是天空，比天空更宽阔的是人的胸怀。"宽恕就是这样一种比天空更宽阔的胸怀，它能够化解世界上最顽固的敌意和最强烈的仇恨。

长寿王仁民爱物、慈悲为怀，其国境内风调雨顺、国富民丰，却也因此引来邻国贪王的觊觎，出兵侵夺。获悉敌军压境的长寿王，不愿意为了保卫自己的王权而殃及无辜的百姓，就决定舍弃王位，与儿子长生相偕遁隐山林。贪王不费吹灰之力就拥有了长寿王的国土，但他还是不肯放过长寿王，就重金悬赏捉拿长寿王父子。长寿王为了义助远来依投的梵志，自愿舍身，让梵志获得赏金，便被贪王所捕。残暴的贪王故意在国都最宽的大道上，公然焚烧长寿王，以逞己能，警示民众。

临死前，长寿王看到儿子伪装成樵夫，混杂在人群中双眼冒着怒火，满怀仇恨地盯着贪王。长寿王便大声说："希望我的儿子能以仁为诫，以德报怨，不要为我报仇。"虽然听到了父亲的遗言，但父亲惨死、国土沦丧的深仇大恨，还是令年轻的王子一心只想报仇。于是他利用在大臣家当仆役的机会，设法获得贪王的赏识，进而成为贪王的贴身护卫。

在一次伴随贪王出猎的途中，长生刻意让贪王脱离随行人员，在山林间迷了路。筋疲力尽的贪王将随身的佩剑卸下，交给他信任的长生保管，自己躺下来休息。在贪王熟睡之时，长生拔剑欲杀贪王，但忽然想起了父亲长寿王的遗言，他一时犹豫起来。这时贪王突然从梦中惊醒，说："我梦见长寿王的儿子要杀我，怎么办？"长生安慰他说："大王不必惊惶，我在这里护卫着你呢。"等贪王再度安然入睡。如是者三，长生终于决定尊奉父亲的遗言原谅贪王，便主动向贪王表明真实身份，并且说："你快将我杀了吧，免得我报仇的念头又死灰复燃。"

震惊的贪王被长寿王父子宽容的仁德所深深感动，当下幡然悔悟，自愧如豺狼，于是将国土归还长生，两国结为兄弟之邦。

贪王自己也开始像长寿王一样善待人民，不再像从前那样残暴了。

慈悲没有敌人，智慧没有烦恼。真正的宽容来自博大的胸襟，来自爱人如己的智慧。虽然我们可能做不到长寿王父子那样伟大，但是至少在日常生活里，当别人以恶劣的态度相向时，我们能忍耐一时之气，以宽容去对待他，以理智来处理问题。

我们可能在日常生活中看到过这样的人，或是自己也经历过这样的事：亲朋好友之间因为一句闲话而争得面红耳赤，形同陌路；邻里之间因为孩子打架而导致大人吵嘴，老死不相往来；夫妻之间因为琐事而同室操戈，劳燕分飞；父子之间因为考什么学校找什么工作，而意见不合，最后横眉冷对……

其实很多时候，这样的事情都是会两败俱伤的，彼此都身心疲惫。而容忍宽恕别人，是在善待自己。

▌宽容更令人折服

《菜根谭》里说："路径窄处留一步，与人行；滋味浓时减三分，让人嗜。此是涉世一极乐法。"这句话的意思是说，在狭窄的小路上行走时要留出让合作者能通过的空隙，不可把整条路都占尽了，得到利益时不妨让三分给合作者共享，不可一个人独享好处。

包布·胡佛是一位著名的试飞员，并且常常在航空展览中表演飞行。一天，他在圣地亚哥航空展览中表演完毕后飞回洛杉矶。在空中300米的高度，两只引擎突然熄火。包布·胡佛凭借着熟练的技术和丰富的经验，使得飞机安全着陆，虽然飞机严重损坏，但幸运的是没有人受伤。

在迫降之后，胡佛的第一个行动是检查飞机的燃料。正如他所预料的，他所驾驶的这架第二次世界大战时的螺旋桨飞机，居然装的是喷气机燃料而不是汽油。

回到机场以后，他要求见见为他保养飞机的机械师，那位年轻的机械师为他所犯的错误极为难过。当胡佛走向他的时候，他正泪流满面。他的失误造成了一架非常昂贵的飞机报废了，而且差一点还使得三个人失去生命。

大家都以为胡佛必然大为震怒，并且预料这位极有荣誉心、事事要求精确的飞行员必然会痛责机械师的疏忽。但是，出乎大家意料的是胡佛并没有责骂那位机械师，甚至都没有批评他。相反的，他用手臂抱住那个机械师的肩膀，对他说："为了表示我相信你不会再犯错误，我要你明天再为我保养飞机。"

胡佛的宽容令人折服。有同样胸怀的还有著名的篮球巨星乔丹。

当乔丹在公牛队时，年轻的皮蓬是队里最有希望超越他的新秀。年轻气盛的皮蓬有着极强的好胜心，对于乔丹这位领先于自己的前辈，他常常流露出一种不屑一顾的神情，还经常对别人说乔丹哪里不如自己，自己一定会把乔丹击败一类的话。但乔丹没有把皮蓬当 作潜在的威胁而排挤他，反而对皮蓬处处加以鼓励。

有一次，乔丹对皮蓬说："你觉得咱俩的三分球谁投得好？"

皮蓬不明白他的意思，就说："你明知故问什么，当然是你。"

因为那时乔丹的三分球成功率是28.6%，而皮蓬是26.4%。但乔丹微笑着纠正："不，是你！你投三分球的动作规范、流畅，很有天赋，以后一定会投得更好。而我投三分球还有很多缺点，你看，我扣篮多用右手，而且要习惯地用左手帮一下，可是你左右都行。所以你的进步空间比我更大。"

这一细节连皮蓬自己都不知道。他被乔丹的大度感动了，渐渐改变了自己对乔丹的看法。虽然仍然把乔丹当作竞争对手，但是更多的是抱着一种学习的态度去尊重他。

一年后的一场NBA决赛中，皮蓬独得33分（超过乔丹3分），成为公牛队中比赛得分首次超过乔丹的球员。比赛结束后，乔丹与皮蓬紧紧拥抱着，两人泪光闪闪。

乔丹不仅以球艺，更以他那坦荡无私的广阔胸襟赢得了所有人的拥护和尊重，包括他的对手。

正如比尔·盖茨所说："以宽容的态度对待失败者正是硅谷成功的关键之所在。"在竞争中能够做到宽容的人是品德高尚的人。想超越别人不一定要期望别人遇到障碍，甚至故意给别人设置障碍。让自己更强大、更优秀，同时还要真诚地欣赏别人的长处，这才是光明磊落的行为，这样，才能赢得合作者真心诚意的尊敬。

‖ 先助人，后益己

相信"人不为己天诛地灭"的人太多了，他们陷在自私的泥沼中无法自拔。只有那些心地善良的人才会有先助人，后益己的心胸。而今我们所说的善良，大多是指那些心地纯洁，心怀慈悲，能够做到仁爱无私的人。

上天不会亏待善良的人，在舍的背后一定会让你得到更多。而且，不管得到的是什么，你都享受到了帮助别人的快乐，享受到了善良为自己的心灵带来的温暖阳光。做一个善良的人，用自己的善良拉那些深陷泥沼的人一把，也许你的举手之劳就能拯救别人的一生。

阿根廷著名的高尔夫球手文森多就是一个善良而又豁达的人。

那时候，文森多在一次锦标赛中赢得了冠军。他领到支票后，微笑着从记者的包围中走出来，并且向停车场走去。这时候对面走过来一位年轻的女子，她先向文森多表示了真诚的祝贺，然后就开始说她自己的灾难。她告诉文森多，自己有一个可怜的孩子，病得很重，如果再不及时医治，很可能就会死掉。但是她却无论如何也支付不起昂贵的医药费和住院费。

文森多听完这名女子的抱怨，二话没说，直接从兜里掏出笔，在刚赢得比赛得到的支票上签下了自己的名字，然后将支票塞给女子，说："这是这次比赛获得的全部奖金，希望能够帮助你那可怜的孩子早点康复。"

年轻的女子颤抖地接过文森多的支票，哽咽着一句话都说不出来。文森多没有等女子说谢谢，大步走出了停车场。

一个星期后，文森多在一个俱乐部吃午饭，一位职业高尔夫球联合会的官员朝着他的方向走过来，并且在他的身旁坐下，然后两个人开始攀谈起来。联合会官员问文森多一周前是不是曾经遇到过一位年轻女子，她自称自己的孩子得了重病？

文森多很惊讶他怎么会知道，但因为是事实，只好点了点头，

文森多以为联合会的官员见过那个孩子，于是问道："那你见过那个孩子吗？他的病现在怎么样啦？"

联合会的官员答道："哦，这对你来说简直就是一个坏消息，"官员继续说道，"那个女人根本就是个骗子，她根本就没有一个得了重病的孩子，她甚至连婚都没有结哩，你怎么那么糊涂，事情不经过查证，就直接把钱给人家了，让人给骗了！"

文森多惊讶地问道："你是说根本就没有一个小孩子得重病，也没有人快死了？"

"是这样的，这根本就是个谎言。"官员答道

文森多长吁了一口气，仿佛放下了什么重担，然后高兴地望着官员说道："我真是太高兴了，这真是我这一个星期以来听到的最好的消息了。"

官员愣在那里，以为文森多是气糊涂了。自己被骗了，怎么还能说是好消息呢？

其实，对于文森多来说，自己虽然被骗了钱，但少了一个病得快死的孩子，这当然就是最好的消息。每个人的生命都值得尊重，没有什么能够比人们的平安健康让文森多更高兴了。

真正的善良人愿意伸手帮助别人，从不计较个人得失。他的善意如山中石缝里涓涓流出的山泉一样清澈、纯净，如雨后的彩虹一样温暖、美丽。随之而来的一定是人们的尊重和赞美。

一天深夜，一名男子沿着一条昏暗的小路向自家的方向走着，在经过一片丛林的时候，他突然听到附近好像有人挣扎的喘息声，这个人慌乱停下自己的脚步，仔细去听。突然他在不远处发现，有两个人正扭打在一起，中间还夹杂着衣服被撕裂的声音。他立刻明白过来，应该是一个女人被歹徒袭击了。

他站在原地想着：在这样的情况下，我到底应不应该介入这件事情当中呢？

他一面担心着自己的安全，一面诅咒着为什么自己要选这条小路回家呢，万一自己管了这件事，凶狠的歹徒反过来袭击自己，

那自己不就成了另外一个牺牲者吗？要不现在报警算了？

男子的内心做着激烈的挣扎。又过了几秒钟，他听出来，那个被困的女孩呼吸声与挣扎声似乎越来越微弱了。他认为自己不能在这里看着事情发生了，一定要有所行动才行。于是男子冒着生命危险立刻冲到了丛林的后面，他用尽全身的力气将歹徒从那个女人身边拉开，然后和歹徒扭打在一起，两个人倒在地上滚来滚去。最后，歹徒看自己占不到便宜，最终跳起来逃跑了。

男子气喘吁吁地爬起来，蹲在黑暗里，与哭泣的女孩保持着一段距离，但仍然可以感觉到女孩在不停地哭泣和颤抖。

他休息了一会，才开口道："好了，不要哭了，歹徒已经走了，你现在安全了，赶紧回家吧。"

沉默了一段时间之后，女孩终于开口说道："爸爸，是我啊！"原来女孩听出了爸爸的声音。男人愣在那里，太可怕了，原来救下的女孩竟然是自己的女儿。他没想到本想帮助别人，最后竟然帮了自己。

做好事的回报是你心里的安慰和成就感，而不是别人的感激。永远让自己保持一颗善良的心，乐于助人，就如同这位父亲，为一个陌生人挺身而出，最后却发现救的是自己的女儿。所以，不要太在意你的得与失，你不但会得到别人的感谢，还能得到别人从心底的敬重，当你遇到困难时，你也会得到别人加倍的帮助。

‖ 让他赢，不代表你输了

安贫乐道，讲的是一种豁达的人生态度，也就是说拥有者不管处于何种境地，顺也好，逆也罢，他都能以一种不卑不亢的态度面对这个世界。那是一种宠辱不惊，随遇而安，以退为进，豁达洒脱的生活态度，这样的洒脱能够让我们的生活更加顺畅，同时充满无限的乐趣。

纵观我国的历史，每个朝代都会出现很多壮志未酬的志士。但是面对同样的处境，他们却做出了不一样的选择。虽然有些人仕途的发展不是很顺畅，甚至还曾经遭遇过数次贬谪，但是他们并不会因此一蹶不振，意志消沉。因为他们知道，安贫乐道，以退为进的道理，并且知道有时让敌人一步未必你就会输。

古代的大诗人苏东坡就是这样一个拥有豁达心态的人。他在仕途上的发展很不如意，虽然自己满腹才华，但一生屡遭贬职，始终没有得到机会施展政治抱负。他入朝为官之时，是北宋政治最为危机的时候，虽然表面上看起来国泰民安，但繁荣的背后却隐藏着无限的危机，为了挽救这种政治局面，宋神宗任用王安石等人开始变法。

但是，当时朝中有很多官员包括欧阳修在内，都与王安石的意见不合，所以朝廷之中一度分化成两个派系。此时的苏东坡看着两派人明争暗斗，果断地选择了暂避一时。他向朝廷请求了外调。

对于他的这个请求，王安石一派欣然支持，因为苏东坡虽然没有明确反对的态度，但也并不支持。所以，对于王安石一派来说，苏东坡也算是一个暗敌。苏东坡没有给敌人下手的机会，自己先隐退战争之外，这样表面上看起来是让敌人称心如意了，但实际上却是给自己营造了一个更安全的氛围。

其实在他外调的期间，有很多朝中的官员都牵涉到了这次的变法之战中。大多都落得身死名裂。但苏东坡因为远离战争，所以能够活到 65 岁，在那样的政治斗争和环境中，也算是长寿的一位了。

苏东坡一生虽然遭遇了数次贬谪，而且还屡遭失意，但是他并没有因此就一蹶不振，而是将这些反面的情绪全部诉诸山水之间。于是就出现了千古美文《前赤壁赋》。

由此可见，在我们现实的生活中，不要太计较一时的输赢，因为这并不能代表什么。让别人赢，不代表自己就要放弃胜利，放弃赢的机会。而是为自己赢得更多的时间和机会，伺机向敌人和困难发起新的挑战，直至赢得最后的胜利。

第六章

忍耐换来的天空

　　有志者，事竟成，破釜沉舟，百二秦关终归楚；苦心人，天不负，卧薪尝胆，三千越甲可吞吴。人生有起伏，当能屈能伸。屈则潜龙在渊；伸则扶摇直上。忍耐换来的不只是眼前的羞辱，更多的是日后广阔的天空。

▌ "忍" 为第一

　　每个人都会有遭遇逆境的时候，假如你在当时就能够站立起来，那你就勇敢地站起来；假如你站不起来，那就得先蛰伏下来，忍一时之气，切不可撞得头破血流，否则自己很难再有东山再起之日。忍一时荣辱，能屈能伸，方能将人生之路越走越顺。

　　月船禅师不仅是一位有名的禅师，而且是一位绘画高手。他的画气势磅礴，但却贵得出奇，并且他还有一个习惯，就是要先收钱再作画。

　　有一天，一位女子请月船禅师作画，月船禅师问："你能付多少酬劳？"

　　女子回答："你要多少就付多少，但要在我家当众作画。"

　　月船禅师答应跟着前去，原来那女子家中正在宴请宾客。月船禅师拿了酬劳当众作画之后，正想离开。那女子却对客人说道："这位画家只知道要钱，画得虽好，但其中却透着金钱的污秽，这种画是不值得挂在客厅里的，它只能用来装饰我的一条裙子。"说着便将自己的一条裙子脱下，并要求月船禅师在上面作画。

　　月船禅师面不改色，淡然问道："你出多少钱？"

女子答道："随便你要。"

月船禅师又要了一个高价，然后平心静气地在那女子裙子上作起画来，作完之后面色平静地礼貌告辞。

别人听说此事非常纳闷，月船禅师衣食无忧，为什么如此看重金钱？只要给钱，好像受任何侮辱都无所谓，真是不可思议。

原来，月船禅师禅居之地常发生灾荒，而富人不肯出钱赈灾，因此他准备建造一座粮仓，以备不时之需。

同时，月船禅师之所以这样，也是想完成师父的遗愿——建造一座寺院，但他又不愿一味等待他人的布施，只好以作画筹集资金。此愿望完成之后，他便退隐山林，不再作画了。

月船禅师明白自己是为了什么而作画，知道自己的行为对别人的意义。因而，即使那位请他作画的女子当众折辱他，他也依然不为所动，只是坚持着自己的理想。第一，这是因为月船禅师的修养极好，有涵养的他能够容忍他人对自己的侮辱；第二，也是因为他认为自己的行为有意义，因而不在意别人的侮辱，一心一意为了实现理想而努力。

在中外历史上，为了实现理想，最能忍的要数春秋时的越王勾践。为了复国报仇，他挺拔的帝王之躯也曾屈膝为奴。

周敬王二十七年，越国被吴国打败，吴王夫差同意了越国的求和，但却提出要求让越王勾践夫妻去吴国做人质。为了生存，更为了日后的复国大计，勾践遵照夫差的要求，乖乖前往吴国当人质。

到了吴国以后，勾践住低矮的石屋，吃糠皮和野菜，穿着连身体都遮不住的粗布衣裳，每天像奴隶一样，勤勤恳恳地打柴、洗衣、养猪，毫无怨言。

一天，勾践听说夫差生病了，就向太宰伯嚭请求探望。伯嚭奏请夫差，获得准许后，勾践来到了夫差的病榻前。勾践一见到夫差，就赶紧伏地而跪，说："听说大王病了，心中万分着急，特意奏请前来探望。大王对我恩宠有加，我略懂一些医术，可以为大王诊断病情，希望能得到大王的允许，也可借此表我的效忠之心。"

这时，正赶上夫差如厕。勾践等人都退到屋外，再次回到屋内时，勾践捻起夫差的粪便，放进嘴里仔细品尝。品尝后，勾践伏地称贺："大王的病就要痊愈了。我刚才尝出大王的粪便是苦味，这预示您的病情要好转了。"

夫差很感动，当即表示：病好后便送勾践回国。

就这样，勾践以惊人的毅力和韧劲，忍耐了三年的屈辱折磨，尝尽了亡国之君的种种辛酸，终于得以返回故国。回国之后，勾践不忘国耻，卧薪尝胆，励精图治，终于实现了复国强国的理想。

生活中，普通人很少遇到勾践那样的大"辱"，然而小"辱"却时有发生，我们应该如何去做呢？人生在世，总得有点追求。无论身处多深的苦难中，只要找到生存的意义，找到可以为之奋斗的目标，树立自己的理想，再大的困难也无法将你击倒。忍辱是比忍耐更深的层次。

人生有起伏，当能屈能伸。屈则潜龙在渊；伸则扶摇直上。人生在世，岂不快哉？

┃ 把姿态放低

达·芬奇曾经在他的作品《笔记》中感叹道："微少的知识使人骄傲，丰富的知识则使人谦逊，所以空心的谷穗高傲地举头向天，而充实的谷穗低头向着大地，向着它们的母亲。"

的确愈是成熟的麦穗，它的头就会垂得愈低。我们可以观察一下那些成熟的果实，它们大多时候是开花的时候向上，但结果的时候却选择了向下。这就像人一样，当我们有了成就的时候就要表现得更加谦虚才行。"谦虚使人进步，骄傲使人落后"。

大诗人苏东坡曾经在湖州做过三年官，他任满回京的时候想起当年得罪过王安石，因此才落得被贬的结局，所以这次回京怎么也应该到丞相府去拜见一下才是。于是，回京之后，苏东坡一刻都不敢耽搁，前往丞相府。

苏东坡到丞相府的时候，王安石正在午睡，书童便将苏东坡迎入了王安石的书房，让他在此等候。

苏东坡坐在那里也没事，看到王安石书桌之上的砚台下有一方素笺，上面写着一首王安石未完的诗稿，题是咏菊，但只写了两句。苏东坡看着这份未完的诗作，想起了一些往事，不由地笑起来，想着自己当年和王安石同朝为官的情景。那时候王安石能够笔数千言，不假思索。但如今却是江郎才尽，一首诗才想起了两句，便续不下去了。苏东坡将王安石的诗念了一遍，才发现这两句诗都是不通的。诗是这样写的："西风昨夜过园林，吹落黄花满地金。"

西风盛行时正值秋天，菊花也是在深秋盛开，而且菊花最耐久，不管你如何焦干枯烂，它的花瓣都不会掉落。想到这里，苏东坡作为一位大师，再也按捺不住自己的心思，便在王安石的诗稿上依韵添了两句："秋花不比春花落，说与诗人仔细吟。"

刚刚写完，便觉得这样做会抢了宰相的风头，只怕丞相知道后又会给自己招惹麻烦，假如将这篇诗稿撕了，也不太合适。左思右想，感觉如何做都不妥，只得将诗稿放回原处，没有见到丞相便告辞回去了。

第二天一大早，苏东坡便接到了皇上的降诏，贬苏东坡为黄州团练副使。

苏东坡在黄州任职快满一年的时候，深秋便已经到了。天气忽然刮起了大风，苏东坡靠在窗前，想着自己屡遭贬谪的一生。大风终于停下了，苏东坡的后园中有一个菊花棚，他过去查看自己种下的菊花。惊奇地发现棚下满地的菊花花瓣，仿佛满地铺金一样。苏东坡想起了一年前自己在王安石家的疑惑，一时间目瞪口呆，半晌无语。直到此时才明白了黄州菊花果然落瓣！不由地对身边的人说道："这么多年我屡遭贬谪，本以为是丞相公报私仇，怨我那日在丞相府抢了他的风头。谁知道这件事竟然真的是我错了。以后千万不能轻易讥笑别人，也正像别人说的那样，所谓经一失，长一智呀。"

苏东坡对于此事感到心中愧疚，总是想找个机会为当年的事向王安石赔罪。但想起出京之时，王安石曾经拜托自己取一些三峡之水用来泡茶，当时因为自己对这事一直不服气，因此早把取水一事忘得一干二净。现在突然想起了这件事情，便想着趁冬至节送贺表到京的机会，赶紧为宰相把这件事办好，以此赔罪。

当时已近冬至，苏轼向朝廷告了假，就带着病重的夫人向四川进发了。在夔州和夫人分别，苏轼自己乘着小舟独自顺江而下，没想到却因为接连几日鞍马劳顿，竟然在舟上睡着了，等到醒来的时候，已经到了下峡，如果此时再掉头回中峡取水又怕耽误了上京时间，又听当地老人说三峡是相通的，中间没有什么阻隔。因此取的水应该都差不多。于是便装了一瓷坛下峡的水，亲自带着上京面圣了。

到了京城，苏东坡没顾上休息，先来到了丞相府拜见丞相。王安石让自己的仆人把苏东坡带到了书房。苏东坡想起去年的这个时候，在此将丞相的诗改了，心里对这件事一直感到愧疚。这时他看到了柱子上还贴着当年被自己改过的诗稿，更是羞惭，立即便跪下向王安石请罪。

王安石原谅了苏东坡改诗的过错。苏东坡将自己带来的三峡之水献上，王安石命书童取水煮了阳羡茶。王安石看着杯中的茶水问苏东坡从哪里取的水。苏东坡不好意思说自己从下峡取的水，只得谎称是在中峡。王安石笑着说苏东坡骗人，这明明就是下峡之水，怎么能够冒充中峡水呢？

苏东坡听完王安石的话非常吃惊，没想到王安石连水都能分得出来，赶紧将路上的事情解释了一遍。王安石也耐心地跟他解释自己是如何分辨的。对于三峡的水性，《水经补注》上就有过记载，上峡的水太急，下峡水又太缓，只有中峡的水才是缓急相伴。如果用三峡的水来冲阳羡茶，上峡的水冲出来味道有些浓，下峡的水则会显得味淡，中峡的水才是浓淡适中。现在用苏东坡带来的水煮茶之后，看到茶的颜色半天才能显现出来，由此便能知道这是来自下峡的水。苏东坡对于王安石的解说十分敬服。

王安石把自己的书橱打开，给苏东坡看了摆满书橱的古籍，并对苏东坡说道："我这里共有二十四橱书，你随便取出一本，念了上句，我如果接不上下句，就算是一个无学之辈。"

苏东坡不敢置信地拣了一些积灰甚多的书，因为这些书看起来已经很久没有翻过了。谁知道王安石竟然真的对答如流，一字不错。苏东坡不禁被王安石的才学折服："老太师学问渊深，今天我真是佩服。"

苏东坡虽然也是一代文豪，诗词歌赋，样样精通。但是他却不知道人外有人，天外有天，恃才傲物，口出妄言。不过他三番五次都被王安石的才学压倒，最终放下了自己没用的骄傲，再也不敢轻易取笑别人了。

其实我们每个人都有自己的长处，即使你知道得再多，也不可能对万事万物都了如指掌，为人谦恭和顺是对他人的一种尊重，同时也是进行自我保护的良策。

如果将水灌满一个容器，那么无论再加什么，水都会溢出来。骄傲也是一样，假如一个人的心里装满了骄傲，那么他就再也听不进别人的忠告，对于别人的经验也一定会视而不见，最终只能故步自封。其实，我们没有必要为了眼下取得的成就感到骄傲，甚至自满，要知道虽然容器的容量是有限的，但是我们的心胸却可以无限扩展。只要我们将自己放在一个很低的位置。那么就会像大海一样广纳百川，让我们的知识变得更加丰富。

古时候，有一位老父亲有两个儿子。老父亲将两个儿子叫到面前，对他们说："我听说，在一座群山之中有一块绝世美玉，现在你们都成年了，应该前去探险，将它找到并带回来吧。"

两兄弟听了父亲的话，对于美玉都很感兴趣，于是决定第二天就开始自己的寻宝行程。大哥注重实际，不好高骛远。在寻宝的途中，即使是一块有残缺的玉，或者成色一般的玉石，他也会装进自己的行囊。就这样又过了几年，已经到了兄弟两个约定会合的时间，这时候大哥虽然没有找到绝世美玉，但行囊中已经装得满满的了。

与哥哥不同是，弟弟两手空空，一无所得。弟弟看到哥哥找到了这么多成色一般的玉石，并没感到哥哥多么了不起。他认为这些并不是父亲希望看到的东西，于是与哥哥再次道别，决定继续寻找美玉。

哥哥带着自己的收获回到了家。父亲看完哥哥的成果之后，只是笑着说："你可以开一个玉石馆了。这些虽然都不算是稀世之宝，但是稍微加工，依然可以成为人人追捧的奇珍异宝。"后来哥哥把弟弟的经历也告诉了父亲，父亲平静地说："你的弟弟过于追求完美，恐怕很难有所收获。"

因为弟弟的心气太高，不懂得不完美的东西只是欠缺雕琢，世界上本就没有天生完美的人或事物，只有经过打磨才能让璞玉展现出珍奇的华彩。

短短几年时间，哥哥的玉石馆就享誉八方了，而且在他寻找的玉石当中，还有一块美玉被国王征用做了传国玉玺，哥哥因此得到了倾城的财富。但是弟弟一心寻找他的稀世珍宝，不但落得两手空空，最终也没能回到家中。

这个世界并不是完美的，因此更不存在完美的人或物。每个人的人生都会有不如人意的地方，所以我们不需要怨天尤人。那些所谓的智者也并不是优秀得无可挑剔、无法触碰，他们也存在很多缺点；愚者即使再愚蠢也有自己的优点。生活中，我们不要把自己想得太好，因为你的不足还有很多。骄傲之心会吞噬你的理智，成为你前进路上的绊脚石。

忍辱不等于软弱

有时候，我们很可能因为一件事情受到别人的误解甚至是侮辱，不要急于去为自己辩解或者不平。一时的忍耐并不代表你懦弱无能，它体现了你的智慧和素质，并帮助你积攒更多的力量，以更坚定的步伐走向成功。

有个年轻人脾气很暴躁，经常和别人打架，大家都不喜欢他。

有一天，这个年轻人无意中游荡到了寺庙，碰巧听到一位禅师在说法。他听完后深受触动，发誓痛改前非。于是对禅师说："师父，我以后再也不跟人家打架了，免得人见人烦，就算是别人朝我脸上吐口水，我也要忍耐，自己擦擦就算了。"

禅师听了年轻人的话，笑着说："哎，何必呢？就让口水自己干了吧，何必擦掉呢？"

年轻人听后，有些惊讶，于是问禅师："那怎么可能呢？唾面之辱都能忍下已经是能忍人所不能忍了，为什么还不擦去呢？"

禅师说："这没有什么不能忍受的，你就把它当作蚊虫之类的停在脸上，不值得与他打架。虽然被吐了口水，但你不把它看作是侮辱，就能微笑地接受了。"

　　年轻人又问："如果对方不是吐口水，而是用拳头打过来，那可怎么办呢？"

　　禅师回答："这是一样的道理，不要太在意言语或行为上短暂的伤害，这只不过一拳而已。"

　　年轻人听了，认为禅师实在是不可理喻，终于忍耐不住，忽然举起拳头，向禅师的头上打去，并问："和尚，现在怎么样？"

　　禅师非常关切地说："我的头硬得像石头，并没有什么感觉，但是你的手大概打痛了吧？"

　　年轻人愣在那里，实在无话可说，火气消了，心中大悟。

　　禅师告诉年轻人的是"忍辱"，并身体力行，年轻人由此也会有所醒悟。禅师是心中无一辱，年轻人的心头火伤不到他分毫。这就叫离相忍辱。

　　但现实中一旦遇到挫折和打击，人们还是嗔念顿起，怒火中烧，这个时候，想想佛祖的忍辱告诫吧。忍辱不是胆怯，而是让你韬光养晦。忍辱不一定能成大事，但忍辱一定能消解你许多的烦恼！

　　当然，忍辱并不是一味地忍让，它是一种度的把握。当自己忍受到了一定程度，那么就该有所行动。假如没有改变自己的勇气和态度，那么只能永远任人欺负，活在永远的耻辱之中。就像美国的前总统罗斯福一样，伟人从来都不会逃避自己遭受到的耻辱，而是勇敢地面对。

美国前总统罗斯福在中年时突然得了一种怪病。当时他已经身为参议员，在政坛正是一帆风顺、大展宏图的时候，遭此打击，差点心灰意冷，退隐还乡。

一开始待在家里的时候，他一点儿也不能动，必须由家人抱着才能坐在轮椅上，但他讨厌整天依赖别人把他抬上抬下。后来，他到了晚上就背着别人一个人偷偷练习。

有一天，他告诉家人说，他发明了一种上楼梯的方法，要表演给大家看。

原来，他先用手臂的力量，把身体撑起来，挪到台阶上，然后再把腿拖上去，就这样一阶一阶艰难缓慢地爬上楼梯。

母亲看见他这样子，有些不忍心地劝他说："你这样在地上拖来拖去的，给别人看见了多难看，孩子，别再折磨自己了。"

罗斯福摇了摇头，坚定地说："这是我的耻辱，我必须面对我的耻辱！"

是的，一味地逃避，最后只有一种可能，那就是自己变得更加懦弱无能，走上彻底失败的道路。这时，你必须拿出敢于面对耻辱的勇气和决心，正视生活中的一切挫折，才能在风雨过后见到灿烂的阳光。

▌让嫉妒你的人心顺

探戈是舞蹈中最为讲究艺术的舞种，它对于韵律节拍的要求很高，双方的脚步必须高度协调。因此要想跳好探戈绝非一件容易做到的事，很多高手常常是苦练数年都不得要领。心理学家认为，跳探戈与处世是一样的道理，确实是再恰当不过了。要知道亲子、朋友、同事、上下级之间，如果我们能用跳探戈的方式相处，讲关系协调完美，知道进退有道，通权达变，那么你和他人的关系就会非常融洽，你的生活也将不会有那么多的不如意。看看下面的故事，适当的忍让，不仅能够化解矛盾，还能让事情朝着更好的方向发展。

根据历史记载，康熙年间，文华殿的大学士，也就是当时的礼部尚书张英一直在京做官。

张英的老家在桐城，他家的府邸与姓吴的一家的宅子相邻，中间还有一部分空地属于共用之地，此地自古就是作为过往通道而用。后来吴氏想把房子重新修建，因此想占用两家之间的公共隙地，但这样肯定会影响到张英家人的正常出行，所以张家不让吴家占用。

　　双方因为此事发生了纠纷，最终闹到了县衙里，这可就给县衙的知府出难题了。要说张吴两家可都是显贵望族，得罪了哪家都不行，所以这个案子也是迟迟没有得到判决。张英家人见知府胆小怕事，所以就修书一封寄到了京城，把这件事情告诉了张英。

　　张英看完家书，只在上面批了四句诗便差人送回去了。家人见到张英这么快便有了回信，以为事情解决了。他们打开信，就见到一首诗，上面说："一纸书来只为墙，让他三尺又何妨。万里长城今犹在，不见当年秦始皇。"家中的人明白张英的意思，虽然还是有点不服气，但也默默地让出了三尺地基。吴家人见张家如此做法，自觉理亏，而且张家人虽然位高权重，却不仗势欺人，吴家人非常感动，于是赶紧效仿张家，不但没有侵占张家的地基，反而也退让了三尺。

　　这样，张家和吴家之间便形成了一条六尺宽的巷道。后人感念张吴两家人的修养，将这条巷道取名为"六尺巷"。两家人互相礼让的做法也被传为美谈。

　　让出三尺地基，却换来了两家人融洽的相处，同时也为世人留下了一种为人处世的智慧。何乐而不为呢？

　　要想成为一个让别人尊敬的人，就需要有博大的胸襟。以恕己之心恕人，以责人之心责己。有这样一句话叫作"一个真正的忍者，对待恶骂、打击、毁谤都要有承担、忍耐的力量"。也就是说在我们的生活当中，力量最大的并不是拳头、武力，更不是枪炮、子弹，而是能够做到忍，要是能够做到"遭恶骂时默而不语，遇打击时心能平静，受嫉恨时以慈对待，遭毁谤时感念其德"，那么就已经达到了容忍很高境界，这样的人一定能够受到别人的佩服和尊重。

有这样一个寓言故事，或许能够告诉你为什么要忍。

森林中有一条水流湍急的河，河流每天不停地打着漩儿向前奔跑，无休无止。在这条小河的上面有一座独木桥，桥身很窄，每次只能容一人通过。

一天，东山有一头羊想通过独木桥到西山上采草莓，正好西山的一头羊也想穿过独木桥到东山上采橡果，两只羊几乎是同时出发的。结果它们到达桥中心，彼此便碰到了，如果没有羊让路的话，那么哪只羊都无法走到对面。

两只羊谁都不肯退让，只得在此地僵持。东山的羊冷冷地对西山的羊说道："喂，你没有长眼睛吗？没看见我正在往西山的方向去吗，还不快让开？"

西山的羊也毫不示弱地说："我看没长眼睛的是你吧，要不，怎么会挡住我过桥的路呢？"

两只羊谁也不肯先退回去，就这样你一言我一语地吵了起来。最后两只羊不满足于唇舌之战，终于开始了一场决斗。

两只羊头顶着头，用力抵着对方，忽然听到"咔"的一声，两只羊的犄角同时断裂。尽管这样，还是没有谁愿意先让开，继续僵持着。忽然，两只羊脚下一滑，一起掉进了水里，被湍急的河流卷走了。

两只山羊的命运非常悲惨，其实这个悲剧谁都能看得出来是完全可以避免的，只要其中一只山羊忍让一下，先让另一只山羊过去，那么两只山羊自然能够安全快速地到达对岸。但两只羊却不懂得这个道理，固执地用最原始、愚蠢的方式一争高低，最终的结果就是一起葬身河底。

世上到处充满了纷争，只要有生命的地方就有纷争。但是人和动物不同，我们有思想，讲文明，更有广博的胸怀。所以，和身边的人相处要与人为善，谦虚低调，困难之时伸出援手，对那些和你不友好、羡慕、嫉妒恨的人大度宽容一些，用热情和真心感动他们，他们心顺了，你的路就顺了。不要像两只山羊一样争个你死我活才算善罢甘休。

忍小节，成大器

一个拥有远大志向的人，不会沉溺于一时的荣辱伤心或者困难，想要完成一件事，就要有充足的耐力以及坚定不移的决心。凭借这股韧劲，一点一点地走向成功。任何人都不能轻易成功，想要成功就要有充足的耐心和宽容的胸襟，忍一时之气，成一世之功！

有这样一个故事：

一个国王召开比武大会，为国家选拔一名武功高强的将领，来带领将士们保卫王国，冲锋陷阵。在这次的比武大会中，有一位非常俊朗的年轻人技压群雄，坐上了冠军的宝座。对此，国王感到非常高兴，于是亲自召见了他，并且给他加官晋爵。

但是，这位年轻人却表示自己并没有什么实际的战争经验，恐怕不能胜任将军的职位。国王见年轻人如此谦虚恭敬，对他的行为非常欣赏，便答应了他的请求，允许他先从最小的将领开始做起。

过了一段时间之后，国王突然间想到这位气宇不凡、相貌俊朗的年轻人，就向身边的亲信探寻这位年轻人的近况。

负责调查的官员前来禀报说："这个年轻人对人极其平和、友善，对自己的下属更是赏罚分明，和属下的关系处理得非常好。由于年轻人宽宏大量，从不拘泥小节，对于细枝末节也不太追究，因此他得到了属下的一致拥护。"

国王非常满意地点点头，说道："吩咐下去，现在可以让他担任更加重要一些的职务了。"

年轻人得到了提拔，官升一级，但是他依旧没有任何骄傲的表现，依旧表现得平易近人，和蔼可亲，下属更加拥戴他了。国王将他的表现一一记在心里，对于这样一位人才，国王不想错过，如果他可以报效王国，一定是可以守好国家大门的一员猛将！

于是，国王想要测试一下这位年轻人的军事才能，就让他与一位将军分别率兵打仗。年轻人在这场战争中表现得十分英勇，且颇具谋略。并且，他在这场战役中的出色表现也得到了将军的夸赞。

国王听到这个消息之后非常高兴，在大军凯旋的时候，国王便册封这位年轻人为大将军。但是出乎意料的是，年轻人依然不肯接受册封，原因就是：这一点胜利并不能够代表什么，自己的阅历太浅，还有很多东西是需要学习的。

其他官员对这位年轻人的言行佩服至极。国王听后非常感动，又一次答应了年轻人的请求，让他留在基层做军官。由于国王对于这位年轻人青睐有加，经常单独召见青年商谈国事，甚至和他一起讨论军事政务。

五年的时间很快过去了。年轻人成了一位将领的助手，对于用兵之道他已经非常熟悉，而且在这五年的时间里，年轻人已经将国王的脾气与喜好琢磨得一清二楚了。

有一次，王国与邻国之间发生战争。国王遣派了一个自己非常器重的将领前去迎战，想要一举将这个小国歼灭掉。但是令人意外的事情发生了，将军不幸中了小国设下的陷阱，军队损失惨重，大败而回。国王非常气愤，重重惩罚了将军。

就在国王为战争的失败总结经验的时候，关外传来了更加紧急的消息：现在，敌国正在对他的国家发起猛烈的进攻，而且所到之处所向披靡！

听到这个消息之后，国王震怒了，召集军队进行抵御。但是，军队刚刚大败而回，士气低落，更没有人可以领兵一战，王国一时之间人困马乏，没有应战的士气。相比之下，敌国军队士气大振，很快就君临王国都城。

国王见大势已去，决定逃跑。但是，正在他准备逃跑的时候，年轻人拦住了他的去路。国王感到惊讶。

年轻人说："国王，您还记得许多年前那个被你打败的小国吗？"

国王疑惑地说："我当然记得，我当时已经将那个小国歼灭了啊。"

年轻人神色不变继续说道："您说的非常对，在当时您确实已经将这个小国歼灭了，而且您也已经将小国的国王杀死了，可是您忽略了一点，他的一些后人并没有被您杀死。这个国王还有一个寄养在外的儿子是您不知道的，现在他已经长大了，而且志向远大，重新建立了国家，他就是现在将你打败的敌国的国王。"

"难道那个国家的国王就是你？"国王惊奇地问。

年轻人点点头。

"但是这样算起来，你的国家刚刚建立没有多长时间啊。"国王不解地问道，"也不过才几个月的时间啊。"

年轻人摇摇头说："大王，您错了，这个国家建立的时间已经不短了。因为我已经从一个小孩变成中年人了。"

国王呆住了，他上下打量着站在自己面前的这位年轻人，回忆过往种种，顿时恍然大悟。

年轻人说："没错，我就是那个曾经被您打败的国王家最小的儿子，当时您用计歼灭我的国家的时候，我才只有两岁大。如今，我花费了十五年的时间苦练武功，之后又在您的身边待了七年，早已经了解了你的军队管理经验，包括你的脾气以及你身边将领的一些战术。"

现在的国王终于恍然大悟，但是已经太晚了。

故事里的年轻人，他能够花费二十多年的时间练武、潜伏，任亡国仇人指使，这是多大的屈辱？又需要多大的勇气才能做到？然而他做到了，是决心复国的坚定信念，让他以韬晦之计，养精蓄锐最终一雪国耻。这才是忍小节成大器的真正典范。

不要急于辩解

麦克瓦拉斯是一位著名的电视记者和节目主持人，他在CBC所主持的"60分钟"节目几乎是人人津津乐道的优秀节目。不过，他在早年时并不得意。

当初他刚到电视台当新闻记者时，由于口齿伶俐、相貌诚恳、反应迅速，所以除了白天采访新闻外，晚上又报道7点半的黄金档。以他的聪明、努力和观众的良好反映，他的事业本该是一帆风顺的。

但不幸的是，因为麦克为人直率，不小心就得罪了直属上司——新闻部主管。在一次新闻部会议上，那位主管出其不意地宣布："麦克报道新闻的风格奇异，一般观众不易接受。为了本台的收视率着想，我宣布麦克以后不要在黄金档报道新闻，改在深夜11点报道新闻。"

　　这突然的宣布，让所有人都愣住了，麦克更是大吃一惊。他知道自己被贬了，心里感到很难过。但他转念一想："也许这是上天的安排，主要是为了帮助我成长。"

　　于是，他的心情渐渐平静下来，欣然接受了新差事，并说："谢谢主管的安排，这样可以让我更好地利用6点钟下班后的时间去进修。这是我早就有的希望，只是一直不敢向你提起罢了。"

　　从此，麦克每天下班后便去进修，然后在10点左右回到公司，准备夜间新闻的报道工作。他详细阅读每篇新闻稿，充分掌握稿子的来龙去脉。他对工作的热诚，丝毫没有因为深夜的新闻收视率较低而减退。

　　渐渐地，收看夜间新闻的观众愈来愈多，观众的好评也随之增加。与此同时，许多观众也发出责问："为什么麦克只播深夜新闻，而不播晚间黄金档的新闻？"

　　观众的投诉信一封接一封地飞来，终于惊动了总经理。总经理把厚厚的信件摊在新闻部主管的面前，质问道："你是怎么搞的？麦克是如此好的人才，你却只派他播深夜新闻，而不是播7点半的黄金时段？"

　　新闻部主管显得很是难为情："麦克希望晚上下班后有进修的机会，所以不能排在晚间黄金档，只好把他排到深夜时间了。"

　　总经理对这位主管所解释的理由显然不满意，说道："叫他尽快重回7点半的岗位。我下令他在黄金时段播报新闻。"

　　就这样，麦克被新闻部主管"请"回黄金时段。不久，他又获选为全美国最受欢迎的电视记者之一。

又过了一段时间,电视界掀起一股记者兼做益智节目的热潮。麦克获得十几家广告公司的支持,决定也开一个此类节目。于是,他找新闻部主管商量。

此时仍然满腹怨恨的新闻部主管板着脸对麦克说:"我不准你做!因为,我计划要你做一个新闻评论性节目。"

虽然麦克知道当时评论性的节目争议多,常常出力不讨好,而且收视率很低,但他却并未表示不满,而是又欣然接受了:"好极了!我听从您的安排。"

果然,麦克吃尽了苦头,但他还是一直全力以赴,毫无怨言地为他的新节目而拼命努力。渐渐地,节目上了轨道,有了名声,参加者都是一些很有名气的重要人物。

总经理非常看好麦克的新节目,也想多与名人要人接触。因此,他招来新闻部主管,说:"以后每一集的脚本由麦克直接拿来给我看!为了把握时间,由我来审核好了,有问题也好直接跟制作人商量。"

从此,麦克每周都直接与总经理商量、讨论,许多新闻部的改革措施也都有他的意见。他从一个冷门节目的制作人,渐渐变成了炙手可热的大人物,还多次荣获全美著名节目的制作奖。

本·琛森说过:为一件小过失辩解,往往使这过失显得格外重大。正像用布块缝补一处小小的破孔,反而欲盖弥彰一样。同样的道理,如果你不小心无意中得罪了一个人,你不必对此耿耿于怀,费尽力气去弥补、解释。最好的解决方法是暂时忍耐接受，然后加倍努力，让自己不断成长。一切的事实真相，让时间来做证、来澄清是再好不过了。

能屈能伸能成事

屈是遇锋芒时的"避让"，是居安思危的退让，处事让一分为大，负辱退一步则天地宽阔。伸是相机而动的"趋进"，是该出手时就出手的气概。"和氏璧"的故事就充分说明了这个道理。

秦昭襄王听说赵王得了"和氏璧"，就派使者去见赵惠文王，说要以十五座城池来换那块玉璧，希望赵王答应。

赵王与大臣们商议此事。有人主张不能答应秦国，因为秦国一向信誉极差，万一上当，会让天下人耻笑；有人认为如果不答应秦国，万一秦国发兵攻打赵国，造成军事冲突，那赵国的百姓可就遭殃了。最后，有人提出一个两全其美的办法，即派一名智勇双全之士怀揣玉璧前往秦国，若秦国割了城就将玉璧授予秦王，若秦国不讲信用就将玉璧带回赵国。

这时，缪贤进言说："我有一个舍人蔺相如，此人十分勇敢，又富于谋略，出使秦国没有比他更合适的了。"

赵王立即命令叫来蔺相如，问他："秦王请求用十五座城池来交换我的玉璧，先生认为是否同意此事？"

蔺相如说："秦国强而赵国弱，此事不得不答应。"

赵王说："倘若玉璧被秦王骗走了，赵国得不到十五座城池，那该怎么办呢？"

蔺相如说："秦国以十五座城池换玉璧，开的价已经很高了。如果赵国不答应，理亏的是赵国。现在赵国不等城池到手就将玉璧送给秦王，态度可谓相当恭敬，如果秦国食言，理亏在秦国。"

赵王说："我想寻找一个出使秦国的人，先生愿意担当此任吗？"

蔺相如说："我愿意奉璧前往。如果赵国能得到城池，玉璧就留在秦国；如果秦国不这样做，则一定完璧归赵。"

赵王听后十分高兴，当即拜蔺相如为大夫，礼待有加，让他奉璧去了秦国。

秦昭襄王听说赵国将玉璧送来了，就召集群臣，共同欣赏它。秦王扬扬得意地坐于朝堂上，蔺相如十分恭敬地将玉璧呈了上去。秦王看后，啧啧称奇。然后递给左右群臣，传递观看，群臣向秦王祝贺，齐呼万岁。秦王又令内侍将玉璧送入后宫，让宫中的美人大饱眼福，很久才送回来。

蔺相如在一旁冷冷清清地站着，等了很久，也不见秦王说起交割城池之事。于是，他心生一计，对秦王说："这块玉璧有微瑕，让我指给大王看。"秦王就叫手下人将玉璧递给蔺相如。蔺相如拿着玉璧，后退几步，靠着柱子，怒目圆睁，气呼呼地对秦王说：

"和氏璧是天下至宝，当初大王想得到它，派使者请求于赵王。赵王就召集群臣商量此事，群臣都说：'秦国倚仗自身的强势，空言求璧。如果得到了玉璧就肯定不会给赵国城池的，此事千万不能答应。'可我却反对他们的说法，我认为平民百姓之间尚且讲信义，何况万乘之国的君王呢？怎么能以小人之心去猜度君子呢？于是赵王就斋戒了五天，然后郑重其事地委托我将玉璧送给大王。而大王您，拿着玉璧却不当回事，随随便便地传给群臣看，还送到后宫给宫女们把玩，凭此一点，就知道大王没有诚意交换，所以我就将玉璧取了回来。如果大王用武力胁迫我，我宁可将脑袋和这块玉璧一起在这根柱子上撞碎。"说着拿着玉璧作要往柱子上撞的姿势。

秦王担心玉璧真的被蔺相如撞破了，连忙向蔺相如表示道歉，说："蔺大夫请不要这样，我怎敢失信于赵王呢？"说完，立即召见百官取来地图，秦王指示某处到某处共十五座城池割给赵国。蔺相如心想：秦王的举动是想重新骗回玉璧，决不能上他的当。于是他对秦王说："赵王送璧来秦之前，斋戒了五日，又在朝廷举行了隆重的送别仪式。大王也应该斋戒五日，然后再举行一个接受玉璧的仪式。只有这样我才敢把玉璧奉上。"秦王答应了，派人送蔺相如回去休息，自己真的斋戒起来。

蔺相如带着玉璧回到下榻处，心想：我曾在赵王面前许诺，秦国若不偿城，就完璧归赵。现在秦王虽然斋戒了，但是他一旦得到玉璧，而又不给赵国城池，那该怎么办呢？于是，他命令从人穿粗布衣服，装成穷人，将玉璧从小路偷偷带回赵国。并嘱咐从人告诉赵王说:"因担心秦王失信,即使是死也不辱赵王赋予的使命。"

秦王斋戒五日后,就召集群臣和诸侯各国的使者,举行隆重的受璧仪式。秦王恭恭敬敬地请蔺相如上殿。只见蔺相如态度从容,徒步而入。秦王说:"我已斋戒五日了,敬请授璧吧!"蔺相如说:"秦国自穆公以来,共历二十余位国君,从来不重视信誉。远则有花子欺郑,孟明欺晋;近则有商鞅欺魏,张仪欺楚。往事历历,从无信义。我也担心被骗而对不起赵王,就命令从人将玉璧送回了赵国。我得罪了大王,罪该当死。然而大王不要发怒。如今的情势是秦国强而赵国弱,天下只会有强国辜负弱国,而绝没有弱国辜负强国的道理。如果大王真想得到玉璧,就请先割十五座城池给赵国,然后派一名使者与我一起到赵国去取那块玉璧。赵国得到十五座城池之后,绝不会不顾信义而得罪大王。我自知欺骗了大王,罪该万死,我已经寄语赵王不作生还的打算,现在就接受您的惩罚。好在各国使者都在此,大家都知道秦国是因为想得到玉璧而杀害赵国使者,个中的是非曲直大家都十分明白。"秦王与群臣都面面相觑,半天说不出话来。各国使者都为蔺相如捏一把汗。秦王的左右准备将蔺相如绑起来,秦王喝住他们说:"现在即使杀掉蔺相如,玉璧也不能得到,反而徒负不义的名声,影响秦国和赵国的友好关系。"

于是,秦王厚待蔺相如,十分客气地让他回到了赵国。

对于赵国来说,玉璧虽小,但是否给秦则是原则问题。如果遭秦欺骗,赵国将来就难以立国;倘若秦国进一步予取予求,又该作何打算呢？因此，蔺相如以"完璧归赵"来显示赵国毫不屈服的决心。

自古以来，凡以弱胜强者，多是以智慧取胜。蔺相如的"完璧归赵"让我们看出"屈"中的智慧，"伸"中的能耐。以柔克刚，水滴石穿；刚中有柔，圆通无碍；柔中有刚，绵里藏针。这才是成功的关键。

‖ 能抬头还要能低头

自古至今，有很多成就大事业的人，都懂得低头，明白做人应低调的道理。

众所周知，机器人的设计在日本非常普及，许多人都喜欢设计各种机器人，而且日本几乎每年都举行机器人比赛。

2002年，全日本中学生的机器人障碍赛，受到人们的空前关注。最后的决赛共有19名选手参加。此次机器人大赛规定，机器人的重量不能超过十六千克。身高统一在三十厘米。身体各部位可以随设计者的爱好自己定义，弯曲折叠不限。有特殊绝技的可适当加分。

比赛有爬坡，过河，穿越树林……一共三十七道障碍，总长九公里，最新到达终点者就可荣获冠军。

比赛开始，十九名机器人昂首挺胸，带着创造者的激情，大步向前。

此次比赛虽然是中学生的比赛，但科技含量却是相当高的，有的机器人上安装了激光电子眼雷达系统，有的安装了最佳目标路线锁定器，还有清除路障等功能，许多尖端技术被体现得淋漓尽致。

经过激烈角逐，最终夺得第一名的机器人出乎人们的意料，因为它并非科技含量最高的机器人，而是貌不惊人，特点很不突出的一个机器人，它的设计者叫野森，只有十四岁。野森的机器人，其科技含量是所有参赛选手中最低的，然而在穿越障碍中，它却跑出了最好成绩。

原来，他的机器人是能弯腰低头的。在两小时的障碍赛中，有些障碍物会将机器人的头部挡住，机器人不得不绕行，而野森的机器人却能弯下腰，低下头，顺利从一个个障碍物下钻过去。

野森设计机器人的理念对我们有很大的启发。诚然，昂首奋勇的精神值得赞许，可不懂得适时低头的人在人生道路上不知要吃多少亏。

面对100多米宽的河流，两个人打赌，说谁要是游不到对岸，就不是男人。眼看水流湍急的河面，期中一个人改变了主意，说自己服输。另一个听了，哈哈大笑地说："真是个胆小鬼，看我的吧。"那位低头认输的人说，现在水流很快，游到对岸会很危险。但另一个人不听，转眼间就游到了河心。这时，一个浪头打过来，他在河中消失得无影无踪。第二天，他的尸体在下游被人发现。

这个人死得多不值呀。如果当时能低头，就不会白白送掉自己的性命。在对手低头的情况下，其实他已经没有必要下水了，因为此时没有外在力量强迫他非前行不可，但他受制于自己争强好胜的心理，还是要逞强往前冲。其实，他不是死于河中，而是败在自己不懂得低头的逞强上。

想起苏格拉底的故事。有人向他请教："你是天下最有学问的人，那么你说天与地之间的高度是多少？"苏格拉底毫不迟疑地回答："三尺。"那人笑了："先生，除了婴儿之外，我们每个人都有五六尺高，如果天与地之间只有三尺，那不是把苍穹都戳破了？"苏格拉底也笑了："是啊，凡是高度超过三尺的人，如果想立于天地之间，就要懂得低下头来。"

出口往往在低处，说的就是低调做人。

三国时期，曹操手下有一位智慧超群、谋略过人的谋士——荀攸，他辅佐曹操二十余年。期间讨袁绍、擒吕布、定乌桓，他从容不迫地谋划战争策略，处理军中上下的复杂关系，直到辅佐曹操统一北方，他始终在残酷的人事倾轧中处于稳定地位，原因就在于他懂得淡定，能低调做人。曹操曾对荀攸的为人做出了精辟的总结：荀攸对内，他用过人的智慧连出妙策；对外，他用坚强的意志奋勇当先，不屈不挠。他独特的内外方略，让他取得了非凡的成就，但他从不邀功，不争权位，表现得谦虚谨慎，宠辱不惊。淡定，让苟攸顺利走过了美满的一生。

古今中外，不乏低调做人的成功人士。

富兰克林曾经是个年轻气盛的人，一次拜访一位长者时，因走小门被撞了，非常气恼，这时出来迎接的前辈微笑着对她说："很疼是吧？可这件事很值得反思。人生说简单也简单，说复杂也复杂，一个人要想平安无事地活在这人世间，就必须时时记得低头。"

这件事让富兰克林很受启发，并且还把这番话作为毕生为人处世的座右铭，从而成长为美国历史上第一位享有国际声誉的科学家、政治家，以及美国独立战争的伟大领袖。

‖ 嘲讽是前进的帆

提起维克多·格林尼亚教授，人们自然就会联想到以他的名字命名的格氏试剂。无论哪本有机化学课本和化学书籍里，都有关于格林尼亚的名字和格氏试剂的论述。你可知道这位伟大的发明者也曾走过一段曲折的道路？

1897 年 5 月 6 日，维克多·格林尼亚出生在法国瑟儿堡的一个有名望的资本家家庭，他的父亲经营一家船舶制造厂，有着万贯资产。在格林尼亚青少年时代，由于家境优裕，加上父母的溺爱和娇生惯养，使得他在瑟儿堡整天游荡，盛气凌人。他没有理想，没有志气，根本不把学业放在心上，整天梦想着能当上一位王公贵人。

然而，在一次午宴上，一位刚从巴黎来瑟儿堡的波多丽女伯爵竟然不客气地对他说："请站远一点！我最讨厌被你这样的花花公子挡住视线！"这句话如同针扎一般刺痛了他的心，要知道由于他长相英俊，瑟儿堡年轻美貌的姑娘，都愿意和他谈情说爱。一开始他为这句话而震怒、疯狂、偏执，不知某种原因不久他就醒悟了，开始悔恨过去，产生了羞愧和苦涩之感。从此他发奋学习，发誓要追回过去浪费掉的时间，而每当灵魂和肉体麻木的时候，他就用波多利艾伯爵的话来刺痛自己。后来，他离开了家庭，并留下一封信，上面写道："请不要探询我的下落，容我刻苦努力地学习，我相信自己将来会创造出一些成就的，到那时我自然会回来。"

维克多·格林尼亚来到里昂，拜路易·波韦尔为师，经过两年刻苦学习，终于补上了过去所落下的全部课程。后来他又进入里昂大学插班就读。在大学期间，他的刻苦赢得了有机化学权威菲利普·巴尔的器重，在巴尔的指导下，他把老师所有著名的化学实验重新做了一遍，并准确地纠正了巴尔的一些错误和疏忽之处。终于，在这些大量的平凡实验中，格氏试剂诞生了。

格林尼亚一旦打开了科学的大门，他的科研成果就像泉水般涌了出来。基于他的伟大贡献,瑞典皇家科学院授予他 1912 年度诺贝尔化学奖。此时,他突然收到波多丽女伯爵的贺信,信中只有一句话:"我永远敬爱你。"

羞辱之下更要努力

任何人都不想被别人羞辱,可是这世界上偏偏就有喜欢羞辱别人的人,他们自高自大,不尊重别人,不顾及他人感受,甚至以羞辱人为乐事。面对羞辱,反唇相讥,当然是快事一桩。是把羞辱当成动力,努力奋斗,让自己成功或者强大,用事实证明你比他们强,让羞辱你的人闭嘴。

周星驰原本是个毫不起眼的龙套演员,性格内向,身材瘦小单薄,相貌又不英俊。显而易见,电影对于他是一份毫无前途的职业,可他无比热爱表演,梦想成为一个真正的演员。运气好的时候,他演的小角色会有一句台词,每逢此时他就兴奋不已,视为锻炼演技的好机会。为了尽量多演些角色,他不得不放下自尊,低声下气,时常跟在别人屁股后头求神拜佛,好话说尽,即便如此,他的境况依然差劲,只能演一些死尸、路人甲的角色。

在一个武侠电视剧组,他有幸获得了一个"士兵甲"的角色,按照剧情安排，他没有台词，一出场就被"打死"。可他太想在镜头上多留几秒钟了，于是壮着胆子去找导演商量，并一脸认真地谈起了演技："导演，你看可不可以这样？让我先接对方一招再死，然后镜头给我一个特写，看到我表情痛苦地倒下，潜台词是：'我不想死。'"他连说带比画，为自己的创意感到得意。导演根本不认识他，先是一愣，而后情不自禁大笑起来，笑得眼泪都出来了，一边痛苦地捂着肚子，一边上气不接下气地说："哈哈，你真幽默……你不想死也得死啊，费半天劲还弄个潜台词。"这时，在场的人全都哈哈大笑起来。

他被那些人笑得心里直发毛，不明白自己究竟说错了什么，他们为何要大笑？可又不敢再开口询问，为了应付场面，他只好也陪着众人一起傻笑，心却在流泪。回到家里，委屈的泪水再也抑制不住，像决堤的洪水，把他冲进了自卑的深渊。是啊，区区一个跑龙套的竟敢在导演面前大谈演技，这不是在关公面前耍大刀吗？难怪别人会嘲笑。

后来为了能得到贵人相助，朋友给他引见了一个演艺圈的名人。那位名人当时已经红得发紫，派头十足，漫不经心地向他问了几句话。这是千载难逢的好机会，哪能错过，他丝毫不敢大意，毕恭毕敬，小心翼翼地一一作答，然后又大献殷勤，对那位名人说了不少赞美之辞。那位名人心情不错，听了他的回答还算满意，并许诺今后有机会一定关照他。他满怀憧憬转身离去，没想到，那位名人却指着他的背影对身旁的人说："这个人怎么像条狗一样？"话音未落，人群中立即爆发出一阵刺耳的哄堂大笑。此时，他只走出了几步远，那句话听得清清楚楚，每个字都像一支利箭刺在心上，可是就算听见了又能怎样，他只能装着没听见，跟跟跄跄地走了。

最初的那段演艺生涯简直不堪回首，像这样的羞辱和打击，他不知经历过多少次。但他没有消沉，心中的梦想从来没有放弃过，时刻暗暗激励自己：就算是别人把我看作一条狗，我也要做一条成大器的狗。之后，他每天早上起床第一件事，就是对着镜子大声告诉自己："努力！奋斗！"皇天不负苦心人，十几年后，他终于功成名就，扬名天下。如今，那些曾经笑话过他的人都得尊称他一声"星爷"。

成名之后，有记者把这些轶事挖掘出来，问他对此有何感想，周星驰这样回答："感激所有打击羞辱过我的人，是他们让我学会坚强，迅速成长，没有他们就没有我的今天。"正是这句饱含辛酸的话，支撑周星驰由当年的"士兵甲"受成现在的国际巨星，这就是周星驰的成功之路。

不能隐忍就是毁灭自我

当环境不如我们的意，看起来并不适合我们的发展时，大多数人都会抱怨，或者想办法改变这些，再或者是干脆换个环境生活。可是更多时候，我们改变不了环境，甚至也很难换一个真正如意的环境。那么我们该怎么办呢？

在加利福尼亚半岛上有一种美洲鹰，一只成年美洲鹰的两翼自然伸展开后长达 3 米，体重达 20 千克，由于加利福尼亚半岛上的食物充足，将美洲鹰养成了巨鸟，它锋利又有力的爪子可以抓住一只小海豹飞上高空。

这种美洲鹰的价值不菲，因而引起当地人的大肆捕杀，加之工业对生态环境的破坏，美洲鹰终于绝迹了。可是，近年来，一名美国科学家、美洲鹰的研究者阿·史蒂文，竟然在南美安第斯山脉的一个岩洞中发现了美洲鹰，这一惊奇的发现让全世界的生物科学家对美洲鹰的未来又有了新的希望

可是令人惊奇的是，就是这样一种驰骋在海洋上空的庞然大物，竟然能生活在狭小而拥挤的岩洞里。阿·史蒂文在对岩洞考察时发现，那里布满了奇形怪状的岩石，岩石与岩石之间的"空隙"仅 0.5"英尺"，有的甚至更窄。那些岩石就像刀片一样锋利，别说是这么个庞然大物，就是一般的鸟类也难以穿越，那么美洲鹰是如何穿越这些小洞的呢？

为了揭开谜底，阿·史蒂文利用现代科技在岩洞中捕捉到了一只美洲鹰。阿·史蒂文用许多树枝将鹰围在中间，然后用铁蒺藜做成一个直径 0.5 英尺的小洞让它飞出来。美洲鹰的速度十分迅猛，阿·史蒂文只能从录像的慢镜头回放上细看，结果发现它

在钻出小洞时,双翅紧紧地贴在肚皮上,双腿却直直地伸到了尾部,与同样伸直的头颈对称起来,就像一截细小而柔软的面条,轻松穿越了蒺藜洞。显然,在长期的岩洞生活中,它们练就了神奇的"缩骨功"。

在研究中,阿·史蒂文还进一步发现,每只美洲鹰的身上都结满了大小不一的痂,那些痂也跟岩石一样坚硬。可见,美洲鹰在学习穿越岩洞时也受过很多伤,在一次又一次的疼痛中,它们终于锻炼出了这套特殊的本领。可是如果不能忍受这些痛苦,那就只能被环境所淘汰,被猎人们捕杀得干干净净。所以,为了生存,美洲鹰只能将自己的身体缩小,来适应狭窄而恶劣的环境,不然便很难保留生命。

千万年来,动物与人类都在为生存而战——如果不想被淘汰,就得像美洲鹰一样,以改变自己的方式,来适应不断变化的生存环境。尽管"缩小"自己的过程会千难万险,甚至流血流泪,但只有勇于"缩小"自己,才能扩大生存的空间。

人不可能都生活在自己的意愿中,只能通过不断改变自己去适应生活。无力改变环境,那就改变自己,适者生存,这就是生命的法则。

第七章
爱情来了，坏情绪走开

　　刚恋爱的时候，她的一颦一笑，他的举手投足，对方的一切都是完美的。可问题在于，爱情无法永远保持在热恋的状态。两个人的成长环境、生活习惯、自身性格总归是不一样，朝夕相处下去，难免会存在摩擦。想要长久的在一起，不是不吵架，而是如何妥善处理双方的坏情绪。

相爱就不要相互折磨

有时候我们真的难以想象，对自己说出那些尖酸刻薄和伤感情话的人，往往就是我们最亲近的人。我们总是很容易去原谅同事，原谅朋友，甚至原谅陌生人，但是却不肯原谅自己身边的人。

小霜和丈夫小飞在同学们眼中，是令人羡慕的一对儿，他们刚毕业就结婚了，现在结婚两年多了，他们之间小吵小闹常有，但这一次他们吵得很凶。其实也不是什么大不了的事，就是一天工作下来大家都很累，为了谁去洗衣服而发生了争执。

以前都是小飞默不作声去洗衣服，算是向她妥协了，但这天他却坐在沙发上狠命地抽烟，气得小霜跑进卧室砰的一声把门关上。小霜想，如果他追上来向自己道歉，那就算了，可是小飞没有。

于是，小霜开始收拾衣物，并扬言要离开家。虽然这么说，但小霜希望他能主动求和。但那天的小飞怪了，依然坐在沙发上，一言不发。小霜慢慢地拉开门，如果这时小飞说一点儿什么，哪怕只是喊一声她的名字，她就会留下来。然而他没有。小霜彻底失望了。

小霜去了娘家，一住就是一个星期，她每天都盼望小飞来接自己回家，可是他没来，而且连电话也没打，这让她更为恼火和伤心，甚至有和他离婚的冲动。一天晚上，小霜想给丈夫打电话，可是又想：为什么是我先给他打？他是男人，为什么不能先打给我？于是，僵持还在继续着。

第二天小飞的同事打小霜电话，说小飞在上班时晕倒了，现在在医院。

小霜哭着跑到医院，原来丈夫在吵架那天心情特别不好，因为公司的例检中，小飞被检验出得了急性肺炎。

小霜看着病床上脸色苍白的丈夫，不禁泪流满面，她明白了，他们需要对方，需要对方的爱。小霜对丈夫说："对不起，以后我们再也不吵架了。"

相爱的两个人之间，其实有什么仇恨呢？何必像仇人一样怒目相对呢？没有什么事情是值得生气的，在一起，就一起分担生命中的任何事情，不离不弃。

有很多可歌可泣的爱情，他们历经磨难才好不容易走到一起，却常常会因为洗衣服、做饭、挤牙膏而劳燕分飞。想想真是让人感慨万千，为什么我们要用生活中的小事，来折磨来之不易的爱情。

小云是一个一丝不苟、爱干净的女孩，有朋友甚至说她有一点点小洁癖。而她的男友小侯却是个十足的邋遢鬼。人们感叹这是一对奇妙的组合。

　　谈恋爱的时候，小云就经常帮小侯收拾房间，在他的卫生间里，经常能看到令小云无法容忍的情景：毛巾随便被丢在水盆的边上；香皂泡在洗澡的池子里；洗发水只能找到瓶子，瓶盖却不知所踪；浴巾揉成一团，蜷缩在洗衣机上。小云很自信，没关系，只要结了婚，有了责任感，小侯会改变的。

　　后来，小云和小侯结婚了，可是小云发现小侯的坏毛病并没有改变，个人生活上还是邋里邋遢的。于是，小云开始了自己的行动。先是来软的，她经常对小侯说："亲爱的，你看我每天收拾房间多辛苦，你的毛病也该改了。"虽然小侯每次都答应得很干脆，但是第二天却照常如此。小云见软的不行，便开始来硬的，她开始用"如果再乱丢东西，就离婚"来恐吓小侯。

　　可是小侯的坏毛病也不是一天两天养成的，后来在小云再次提出改掉习惯的时候，他干脆火了："你当初嫁给我时，我就是这个样子。难道你后悔了？"

　　"后悔了又怎么啦？谁知道你死性不改呢！"

　　于是一场家庭战争即刻爆发。

　　聪明的人，永远不会试图去改变爱人，因为他的习惯早已根深蒂固。在相爱的过程中，两个人常常为一件鸡毛蒜皮的小事发生争执，又因为谁也不肯先妥协使矛盾更加激化。粗鲁和争执一定会伤害爱恋中的两个人，久而久之爱情的堡垒就会坍塌。

　　所以，当你们冲破重围，终于走在一起以后，请把那些不切实际的美好憧憬收藏起来。走在一起不是说你们为爱的奋斗与努力就结束了，你们的爱才刚刚开始，相爱容易相处难，请好好珍惜在一起的缘分。要包容、理解、关心双方，不要打击、折磨、刁难对方。刀郎的《爱是你我》的那首歌唱的真好：爱是你我用心交织的生活，爱是你和我在患难中不变的承诺，爱是你的手把我的伤痛抚摸，爱是用我的心倾听你的忧伤欢乐。正是你爱的承诺，让我看到了阳光闪烁，就算生活给我无尽的折磨，我还是觉得幸福更多。让我们彼此珍惜，幸福快乐地"执子之手，与子偕老"。

把礼貌带进婚姻

人们常常觉得，在与陌生人和不太熟悉的人相处时，礼貌用语有着频繁的使用率。但是要是亲近的人之间再客客气气的，就难免显得疏离。

事实上，礼貌在婚姻生活中，占据着很重要的位置。有时候，直到婚姻出现裂痕，很多人都不明白对方为什么会记得自己那么多的不对，为什么原本美好的婚姻走到了绝境。在这些人看来，吵过就算了，气话不用放在心上。但这只是他们自己的一厢情愿，因为大多数人对每一次缺少必要解释的纷争都会铭记在心。吵一次，伤一次，感情也就减少一点。

在朋友圈里，小吴有一个绰号——妻管严。

以前，小吴是一个工薪族，每月的薪水全部上交给老婆，家里的一切开销均由老婆做主。小吴有一次醉酒后，向朋友抱怨说："我需要置办外衣外裤、内衣内裤、袜子鞋子时，她都要亲自出马。我现在好像个孩子，连我口袋里的零花钱都是她给的，而且她每周都会查看我的钱包还有多少钱，盘问我钱的去处。但是作为一个男人，一般很难记住每一笔的开销，我就只好将报不出来的钱'挂'在摩托车的用油上。这样的生活简直把我逼疯了。"

去年小吴开始做生意，于是社交活动增加了，开销也增大了。每次与人吃饭，令小吴受不了的是，妻子都要问他是谁付钱，如果是小吴付，就要向她说出准确的数目。而且妻子不依不饶，还要知道小吴和谁吃饭，以及他们谈了些什么。

于是小吴在做了第一单生意后，就悄悄留起了部分钱没有告诉妻子，为的就是想逃避她的控制。可妻子竟然有本事辗转找到了小吴的合作伙伴，知道了他的小动作。

于是一场家庭战争爆发了，小吴再也不想忍受妻子的束缚了。

在婚姻生活中，并不是不分你我。保持爱情新鲜最有效的方法就是给自己留一点空间，给对方留一点空间，给爱留一点空间。不要咄咄逼问，不要不依不饶，尊重对方的隐私和习惯，学会倾听，学会倾诉。

一个聪明的人，在婚姻里，对待自己的爱人，会像对待客人一样，文雅有礼。中国有句古话，叫作相敬如宾，这其实是爱情的一种至高境界。

嘴巴甜一点，快乐多一点

撒娇耍嗔，对处于恋爱中的女孩绝对是容易的。但若是对一位结婚七年以上的女人来说似乎就不那么容易了，不是腻了，而是觉得不知道撒娇的话要如何启齿，如果硬要说点什么的话，就只剩下唠叨了。其实聪明的女人，不妨嘴巴甜一点，那么快乐就多一点。

这天，丈夫陪小夏逛街，小夏因为忽冷忽热突然打起嗝来，不论小夏怎么屏气喝水也于事无补。于是丈夫就不耐烦地说："每天就你事多，好好逛街也要打嗝，再烦我就不陪你逛街了。"

听见丈夫这样说，小夏心里很生气，觉着丈夫也太不体贴了，刚想发作，一急之下发觉不打嗝了，于是笑嘻嘻地说："老公，你这威吓人的招儿还真管用，我好了。"而丈夫也因势利导地说："当然了，我是有心那么说你的。看你一个劲儿打嗝也怪难受的。"

很多女人婚后，慢慢地就会被柴米油盐的琐碎磨没了爱的热情，也不会撒娇了，变成了爱唠叨的妇人，难免让男人厌倦。不会撒娇的妻子，不要感慨自己为什么总是被漠视，而是要检讨自己，你的身上还有没有恋爱时的魅力？别忘了，男人大多都是吃软不吃硬的。聪明的女人，会选择做一个称职的"娇妻"，拴住男人的眼睛和心。

小苏和丈夫说好下班一起吃饭，已经到时间了，可小苏因为工作需要不得不加会儿班。小苏心想：老公一定会生气，因为他是一个很惜时的人。

忙完工作，小苏到了商定好的饭店一看，她丈夫果然阴着脸，气呼呼地坐在那。小苏在丈夫的视线里缓慢地走近，说："都是这双讨厌的凉鞋，早不崴脚，晚不崴脚，偏偏赶上这时候，唉，我疼点儿无所谓，可是却让老公你等久了，对不起。"说完还一脸疼痛和自责的表情。

丈夫一听小苏这么说，就疼爱地说："你该让我去接你嘛，快让我看看脚。"

再看看下面的故事。

一对夫妻结婚两年，吵架却吵了一年半，于是他们决定分居。分居的日子里总是寂寞难耐，也让他们知道了彼此对从前爱情的眷恋。只是他们都非常好强，谁也不肯向对方低头。就这样，他们分居了半年。

最终，妻子决定挽救他们的婚姻和爱情。在情人节这一天，妻子提前准备了当晚的烛光晚餐，准备向老公妥协。正当妻子将清蒸鱼放进微波炉时，忽然看到一只老鼠从她脚下蹿过，妻子慌忙拿起电话拨通了老公的号码："喂！亲爱的，你快回来吧，家里有只老鼠，我快被吓死了。"在那边的老公轻快地说了一句"遵命！"便立即赶回了家。

就这样，仅仅是一句话的妥协，他们的爱情便复活了，婚姻也有了生机。

我们常常在感受到情感的裂隙带来的巨大损失之后才会发现，原来对于很多潜在的问题来说，爱的包容是成本最小的解决之道。

所以在枯燥琐碎的婚姻生活里，我们不妨像恋爱的时候一样，嘴巴甜一点，那么快乐就多一点，烦恼就少一点，幸福就多一点，争吵就少一点。

幽默是幸福婚姻的调味剂

幽默是一种调味剂，在人们的相处中发挥着意想不到的效果。幽默可以化解尴尬，可以冰释前嫌，也可以化解危机。

小光是一个幽默的男子，有他在，就有笑声在。

下班后小光去买菜，于是给妻子打电话问她想吃什么。妻子想了半天说不知道。小光说："那我买鲫鱼和豆腐了。"妻子说："天天吃鲫鱼豆腐汤，不烦啊？"小光就说："那你说买什么？"妻子就生气地说："随便，我不吃了。"然后挂断了电话。

后来小光在菜场里逛了一圈，买了一只柴鸡。然后给妻子打电话，欣喜地说："老婆，我好不容易买到了'随便'这种菜，你还吃吗？"妻子一下子就被逗乐了，笑着说："吃，当然要尝尝随便的味道啦。"

又有一次吵架，因为一件后来谁也说不清楚的事情，小光的妻子要离家出走，小光一下子就挡在门口说："干什么去呀？"妻子就说："离家出走行了吧？"

小光说："我是男人，还是我走吧，不过我要把属于我的东西全带走，哼！"

说完不由分说拉着妻子跑下了楼。妻子忙问："你究竟要干什么？"小光说："你是我的东西啊！"妻子说："我才不是东西呢！"说完自觉不妥又急忙改口说："我是东西。"说完，两人都忍不住大笑，一片乌云就这样散了。

许多人把喜欢开玩笑、说笑话，看成油嘴滑舌、办事靠不住，认为夫妻之间讲话应该讲求实在，用不着讲究谈话艺术。殊不知，说话幽默能化解矛盾和纠纷，消除尴尬和隔阂，增加情趣与情感，让两人其乐融融。

婚姻生活中，不妨幽默一把，说不定就能化干戈为玉帛，让矛盾的双方重归于好。

千万别忘了"浪漫时光"

恋爱的时候，每一刻都好似浪漫时光，甜蜜美好，男人女人你侬我侬，恨不得把对方吃进肚子里去。然而一旦真正在一起了，天天见面再无新意，生活就让人觉得索然无味了，曾经的浪漫也不复存在了。

其实，人还是原来的人，爱情还是原来的那份爱情，为什么我们感觉不到对方刚开始恋爱的时候那种热烈的爱意了呢？答案是，我们忽略了爱的细节。你是否很久没有为对方沏一杯暖暖的茶了？你是不是很久没有为对方系鞋带了？你是不是很久没有为对方发一条肉麻兮兮的短信了？曾经这样的短信是不是满天飞，你也不觉得烦腻呢？是的，如果想让生活情趣盎然，重点在于双方是否能用浪漫将爱散播在生活的角角落落。

小硕与小静是在大学的图书馆里认识的。

一日，小硕与小静相对而坐。小硕侧目见小静正在做英语选择题，于是自己也装模作样学起英语来。过了一会儿，小硕鼓足勇气，向小静求教一道英语选择题，小静悉心指导。又过了一会儿，小硕又向小静求教了，并递去一张纸片。小静接过纸片，上面写着：

同学，今晚我请你去看电影，敢不敢去？请选择：

A：敢去。

B：不敢去。

C：谁怕谁呀，去。

D：请让我想一下，不过我想我可能会去的。

小静沉思半晌，拿起笔羞羞答答地选了 D。

自然而然，小静后来成了小硕的女朋友。同学们都说小静好幸福，拥有这样一个幽默风趣的男朋友。而从选择题之后，在幽默风趣的小硕的陪伴下，小静的生活也充满了欢乐。

人都喜欢浪漫，却奢求对方主动给自己制造浪漫。工作家务忙了一整天后，一家人为什么不去散散步呢？有人会回答说："我很累。"然而这些说"很累"的人过不了一会儿就垒起"四方城"来，甚至彻夜通宵打麻将。可见，能否浪漫的关键在于是否拥有浪漫的情怀。不要以为浪漫无非就是献花、跳舞，不要以为没有时间、没有钱就不能浪漫。要知道，浪漫的形式是丰富多彩、多种多样的。每天一句"我爱你"，就是最简单也是最动人的浪漫。

小曼的丈夫是个个性内敛的人，虽然深爱妻子但很少表达爱意。小曼懂得为爱情和婚姻保鲜的重要性，但她知道让辛劳工作的丈夫制造浪漫是没可能了。因此，小曼开始在婚姻生活中为丈夫制造小浪漫，悦人悦己。

一天，应酬到很晚才回家的丈夫，看到台灯下压着一张纸条："老公，洗澡水在浴盆里，解酒的茶在杯子里，温暖的爱在被子里。我爱你。"丈夫莞尔一笑，一天的疲惫消失殆尽。他望着熟睡的妻子，心中充满了温暖和爱意。

当丈夫生日的时候，小曼会精心做一顿爱的晚餐。桌上摆着几盘色、香、味俱全的菜，关上灯，点燃几根玫瑰香味的蜡烛，然后倒上两杯醇香扑鼻的红酒，再轻轻地唤出丈夫。置身于烛光辉映中的老公，嗅着一桌饭菜香，眼中心中满是对小曼的欣赏和感激。

在平时，小曼会偶尔帮丈夫刮刮胡子，在他逞强的时候撒撒娇，或是与他打闹逗趣一番，这都让她丈夫感受到她的爱和可爱。另外，小曼也会通过小物件向丈夫传递浪漫，传达爱意。她会在丈夫衣柜里时不时地放一条新颖典雅的领带；在公文包里放老公喜欢吃的巧克力；在汽车里贴上写着"认真开车，安全回家"的心形卡片……这些都让小曼的老公感受到小曼的爱和婚姻的甜蜜。

就这样，小曼的丈夫也渐渐浪漫起来。小曼生日的时候，丈夫竟然悄悄定了两张飞往欧洲的机票，要与妻子一起"二度蜜月"。

想要让爱情充满生机和活力，想要使婚姻之树常青，就要让浪漫气氛弥漫在我们日常生活的各个角落。浪漫并不难，只要你付出真诚的爱，一个眼神，一个亲吻，交握的双手，一顿精美的晚餐，细微之处，无不传递出你的浪漫情怀。时时来点小浪漫，餐厅可以变舞厅。当你兴致很好时，建议亲爱的他或她小酌一杯红酒，然后在轻缓的音乐里跳一支舞，这会让你们的爱更浓烈醇香。

第八章

人生不应有绝望的时候

古人有云："天将降大任于是人也，必先苦其心志，劳其筋骨，饿其体肤，空乏其身，行拂乱其所为。"从古到今，凡是能够成就大业的人，没有人不是从艰苦磨炼中走出来的，他们就就像是能够忍受雕刻之苦的石头、玉器一样，只有经过千百遍的锤炼，才能展现出最完美的自己。所以，不要怕失败，更不要绝望，只要我们还活着，就有东山再起的希望。

亿万富翁叫卖三明治

生来就富有的人其实并不多，我们羡慕的成功者们大多都是赤手空拳凭借着一腔热血打下天下的，也只有这样的人才能在绝境面前不放弃，在逆境面前找到出路。

泰国有个企业家，玩腻了股票后，转而去炒房地产。他把所有的积蓄和银行贷款全部投资在曼谷郊外一个配有高尔夫球场的15幢别墅里。

没想到，别墅刚刚盖好，时运不济的他却遇上了亚洲金融风暴，别墅一幢也没有卖出去，连贷款也无法还清。企业家只好眼睁睁地看着别墅被银行查封拍卖，最后不得不将自己安身的居所也拿去抵押还债了。

情绪低落的企业家完全失去了斗志，他怎么也没料到，从未失手过的自己，居然会陷入如此困境。

有一天，他坐在早餐店里，忽然灵光一闪，想起太太亲手做的美味三明治，于是决定要振作起来，重新开始。

当他向太太提议从头开始时，太太也非常支持，还建议丈夫要亲自到街上叫卖。企业家经过一番思索，终于下定决心行动。

从此，在曼谷的街头，每天早上大家都会看见一个头戴小白帽，胸前挂着售货箱的小贩，沿街叫卖三明治。

"一个昔日的亿万富翁，沿街叫卖三明治"的消息，很快传播开来，购买三明治的人也越来越多。这些人中有的是出于好奇，也有的是因为同情，当然更有人是因为三明治的独特口味慕名而来。从此，三明治的生意越做越大，企业家也很快走出了人生的困境。

这个企业家名叫施利华。多年来他以不屈不挠的奋斗精神，获得了泰国人民的尊重，后来更被评选为"泰国十大杰出企业家"之首。

人生随时都可以重新开始，忘记过去的成功与失败，不局限于曾经走过的路，给自己一个全新的开始，我们便会从未来的朝阳里看见另一次成功的契机。

想往好处发展就别往坏处想

聪明的人，凡事都会往好处想，以期待的心情想欢喜的事，自然成就欢喜的人生；而愚钝的人，凡事都往坏处想，愈想愈痛苦，从而成就痛苦的人生。人世间事，一念之间，可以想出天堂，也可以沦为地狱。

那天，布朗医生的心理咨询室里，来了一位中国留学生，郭嘉雯。

郭嘉雯今年29岁了，原本在国内有一份人人羡慕的工作，但是时间长了觉得总是做重复的工作，仿佛一眼就能看到老，她就决定申请出国深造。

后来，嘉雯顺利地拿到了奖学金出国读博士。但是出来之后郭嘉雯发现：没有明确的求学目的而出国是很痛苦的，语言的障碍和对研究方向不感兴趣等让自己每天度日如年，而且郭嘉雯所选择的这个文科类博士需要至少六年的时间。

嘉雯觉得六年后，自己可能会失去很多尝试的机会，会失去一个女孩子在这个年龄应该有的生活。嘉雯很痛苦，她在考虑要不要半年以后退学回国继续工作。但是，从小到大嘉雯都争强好胜，现在的处境让嘉雯很失落，怀疑出国是人生中最大的错误。现在嘉雯干什么都没信心，打不起精神。

布朗医生听了嘉雯的倾诉，对嘉雯说："你的考虑是合理的。这时候的确应该好好想想，不要为了出国而出国，更不要为了好胜而出国。但是也不要为了恐惧而回国。问问自己，到底对这个博士的专业有没有兴趣？而自己读完博士又想要做什么工作？它又符不符合你的理想？"

布朗先生建议嘉雯，遇到事情不要总是往坏处想，甚至坏到了"悔恨终身"的地步。他说，年轻本身就是一种资本，既然做了决定就不要后悔，要学会把握机会，去做最好的自己。在国外，可以让你开阔视野，让你了解另一种文化。最后布朗先生说："我相信一个受过中西方教育的人肯定是一个有价值的人！"

嘉雯若有所思地离开了心理咨询室。她突然意识到，原来现在并不是最坏的，出国也是一个不错的选择，自己没有理由去后悔，最重要的是把握好现在。

其实，遇事往好处想是一种健康的人生态度。这种人生态度让人积极与豁达。往"好"处想与往"坏"处想虽然一字之差，却表现出两种不同的人生态度：前者坚信自己的力量，坚信明天比今天更好；而后者则从悲观主义的宿命出发，失去了对自己的信心，失去了对美好生活追求的信念。

其实想想，"遇事往好处想"并不是解决一切问题的灵丹妙药，但却是一副健康的积极的生活良方。有了这副良方，就会找到了正确的解决问题的办法。

前几天，小朵的表姐出差了，她把可爱的女儿安安送到小朵家帮忙"看管"。

一天吃过晚饭，小朵一家人欣赏着安安在幼儿园画的画，其中有一幅《蜜蜂追小熊》画得很漂亮，一只小熊穿着花裙仓皇逃跑，后面一群蜜蜂奋进追赶。

赞叹之余，小朵问小安安："蜜蜂为什么要追小熊呀？"安安眨着两只大眼睛，调皮地说："你们猜猜啊！"

"是因为小熊偷吃了蜂蜜？"小朵猜，安安摇摇头。

"是因为小熊欺负了蜜蜂！"小朵的老公很肯定地说，安安又摆摆手。

"是因为小熊踩坏了蜜蜂的花丛？"小朵的父亲也来了兴趣，可是小安安还是说不对。

"错啦，你们都错啦！"安安嘟着嘴说，"你们别把小熊想得这么坏，好不好？那是因为小熊的裙子像花丛。所以小熊跑，小蜜蜂追。"

小朵一家人愕然，原来在孩子眼里，世界是那么绚丽多彩，而在阅历丰富的大人眼里，世界却是如此糟糕，因为他们什么事情总往坏处想。

其实，在生活和工作中，在遇到问题和困难时，我们往往把事情往坏处想，导致自己情绪低落，认为没有解决的方案了，其实，只要我们换个角度去看待这件事，事情远没有自己担心的那么糟。

‖ 一切都会慢慢好起来的

"人生的道路大起大落，拿得起放得下别瞎琢磨，举起杯干一个何必上火，同样的世界不一样的我。辉煌的时刻要靠自己拼搏，脚下的路怎么走自己掌握，别计较成与败结果如何，放开手干就完了。"这是一首歌的歌词，说得真好，遇到困难别瞎琢磨，想好对策，干就完了。一切都会慢慢好起来。

现在说起梅西，估计没有谁会不认识他。

20 岁的梅西身高 169 厘米，体重 68 千克，被人们认为是又一个马拉多纳。马拉多纳对这位小老乡的评价是："梅西是一位天才球员，前途不可限量。"

梅西 12 岁时来到巴塞罗那，在青年队中锤炼五年后进入一线队，他在 2004 年的南美青年锦标赛上打进 7 球而成为最佳射手。现在，他已经成为巴塞罗那队最活跃的棋子。某些时候，梅西的光芒甚至盖过了世界足球先生小罗，毫无疑问，巴塞罗那和阿根廷足球的辉煌，有梅西的一份功劳。

但是你绝对不知道，梅西也曾经有过一段痛苦的往事。作为一个天才球员，他差点儿因为身体条件的原因而被埋没了。

1987 年 6 月 24 日，在阿根廷圣塔菲尔省的罗萨里奥中央市，继两个哥哥之后，梅西降生了。这个穷人家的孩子，身体羸弱，妈妈无暇照顾弱小的梅西，把他寄养在辛迪亚家，两人从幼儿园到小学一直在一起，辛迪亚见证了梅西童年所有的艰辛和欢乐，而梅西也把辛迪亚当成这个世界上唯一可以倾诉的人。

作为梅西最忠实的球迷，辛迪亚珍藏着梅西代表各个俱乐部出战时穿过的各种款式的球衣，梅西把自己多出来的一套送给了一个小女孩儿。辛迪亚总是坐在高高的看台上,看着她的英雄演出,她比任何人都更早而且更坚定地相信着梅西的足球天赋。那是一段多么幸福的时光。可惜美好的光阴总是容易逝去,11岁的梅西被查出患有荷尔蒙生长素分泌不足,这将影响骨骼的健康发育,也就是说,他将在1.4米的高度停滞不前。纽维尔斯老男孩俱乐部不想再为还未成名的梅西掏出每月800美元的治疗费用,梅西只能和父亲远赴他乡,去西班牙求助。那是在最后一场比赛后绝望的辞行,13岁的梅西抱着辛迪亚号啕大哭,而辛迪亚抱着他说:"不哭不哭,坚强点儿小不点儿,坚强点儿小不点儿,一切都会好起来的。"

情况真的好了起来,他通过治疗长到了近1.7米,并在巴塞罗那如鱼得水,天赋尽显,无论是里杰卡尔德的肯定,还是其他教练的赞誉,甚至马拉多纳也亲自给他打电话进行鼓励,这都在向全世界发布一个信息:梅西已经与从前大不相同。小罗说:"只有梅西才能骑在我的背上,我们是好兄弟。"

现在的梅西,因为足球集万千宠爱于一身,媒体、教练、队友、球迷把他当明星、孩子、兄弟、偶像般看待。但是在他内心里,他永远都忘不了辛迪亚在他耳边说的那句:"坚强点儿小不点儿,一切会好起来的"。

▍无论何时都不要绝望

只要不绝望，就一定有出路。有时候，创造奇迹的不是巨人，而是心中埋藏的希望。

美国电视台开展的极限节目，因为魔鬼般的难度，让人看得心惊肉跳，吸引了成百上千万的观众。每期六个人中，必定要有一个胜出，奖金额最少50万美元，诱惑巨大。

极限运动的宗旨就是把不可能的事变为可能。每次挑战，都有一项是人与虫子为伍的内容。举办人把丑陋的爬虫放在玻璃缸里，挑战者伸进头去，让这些虫子爬满自己的脸……据说此项挑战，比攀岩绝壁、蹦极更让人胆怯。

其中非洲大蛹是最难看、最丑陋、最令人恐惧的爬虫，它浑身是毛，口吐黏液。300只这样的虫子在玻璃缸里一起蠕动，别说让人把头伸进缸里，就是看一眼都毛骨悚然。结果所有的参与者都拒绝了这项挑战。他们纷纷表示，就是丢掉50万美元，也绝不会碰这些丑陋的虫子！

然而，当这些丑陋的、令人作呕的大虫蜕壳后，人们却为之一震，原来它是世上最美丽的非洲蓝蝶。许多人都把它作为珍贵的标本收藏。你看，原本给你50万美元都拒绝碰一下的东西，事隔两个月，却变成了人人都想抚摸的漂亮蝴蝶。事情全变了！你是那么想抓到它，想与它亲近。所以，还是别把事情看得太糟糕了。

就是在最糟糕的时候，也没有必要绝望。别把事情看绝了，因为天下没有绝对的事。因为没有绝对，就会有希望，绝处逢生这话你知道吧？所以你不要绝望，努力一下，直到一切都好起来！

多克是一个信差，他始终坚信自己的使命就是向人们传递快乐。因此，他的口袋里总是装着许多小字条，上面写着一些鼓励性的话。他将信件和电报送到人们手中的同时，也留给他们一张小字条，告诉他们"今天是美好的一天"，"要笑口常开"，"别再烦恼"。

第二次世界大战期间，多克因为年龄太大而没有入伍，但他自告奋勇到野战医院做了一名志愿者，协助医院救死扶伤。有一天，他突发奇想，在医院的墙上写了一句话："没有人会死在这里。"他的行为引起了大家的注意，医院的人说他疯了，也有人认为这句话无伤大雅，不必擦掉。

那句话一直没有人去管，就留在了那面墙上。后来，不但伤员，就连医生、护士包括院长，都渐渐地记住了这句话。伤病员们为了不让这句话落空而顽强地活着，医生和护士为了这句话，尽力地给予病人最精心的医治和护理。这个医院变成了一个坚强的医院，每个人的脸上都有一种盼望和坚毅的表情。

所以，请你时刻记住：永远不要绝望；就是绝望了，也要再努力一下，从绝望中寻找希望。成为积极或消极的人在于你自己的选择，正确的选择让你前路宽阔！

困境的正面价值

在人生的道路上，我们不能只拥有欢笑、幸福、顺利和安逸，更需要挫折、悲伤、失败和痛苦。因为哭过，所以才知道什么叫悲伤；因为笑过，所以才知道什么叫快乐；因为失败过，才知道什么叫成功；因为跌倒，才知道什么叫坚强！人只有充实忙碌地活着，遍尝人生百味，才有意义。

瑙鲁是位于南太平洋一个美丽的岛国，它的总面积仅有24平方公里，却有着取之不尽的鸟粪资源，年输出的纯收入高达9000多万美元。在这个美丽富饶的小岛上生活的6000多人无须工作，他们的一切都由政府包管，而且每人每年还享受政府发放的35万美元的零用钱。

岛民们过着极其奢华的生活，现代家具一应俱全，外出时驾驶着豪华的越野车，吃的是包装考究的西式食品，甚至家里还雇用外国人。这样养尊处优、舒适安逸的生活不知是多少人梦寐以求的，简直像天堂一样，或者说，天堂也不过如此。

然而，就是在这样一个美丽的岛国里，高血压、心脏病、脑中风发病率高居世界之首，有37%的人患有糖尿病。全岛只有1.3%的人能活到60岁，是世界上人均寿命最短的国家。

生于忧患，死于安乐。处在安逸的生活中，人的战斗力、生命力往往变得十分低下。没有进取的念头，没有奋发的愿望，没有超越的梦想，这样的人生尽管优雅，但也苍白空乏。而人只有在困境和挑战中，才能有成功的喜悦，才能体验到生活的美丽，在精神层次上，才能感受到天堂般的快乐！

"中国第一毛孩"于震环脸上、脖子上、手臂、腿部、背部的毛发长而浓密，活脱脱像一个"毛人"。除此以外，他的鼻子很大，嘴唇宽厚，牙齿稀疏，排列不齐，迎面看去，形同"怪物"。原来，由于遗传基因缺陷，于震环不幸"返祖"，他一生下来就遍体披毛，全身的毛发覆盖率达96%，每平方厘米就有毛发41根之多，被世界吉尼斯纪录认定为"全身毛发面积最多"的人。

因为这副奇异的长相，于震环每天都要面对周围人好奇的目光，遭受一些无聊的人的戏弄和侮辱。可是，长大以后他渐渐明白：人们的好奇心有什么错呢？自己引人注目又有什么不好？自己一出生就被拍成纪录片，6岁就主演了一部电影，靠的不就是自己身上的一身毛发吗？

觉醒的"毛孩"于震环决定进军演艺界。生活的经验告诉他，凭借自己的特殊长相，往台上一站，那就是"人气"，"毛孩"就是自己的商业招牌。经过自己的努力，他用挣来的钱买了房子，2003 年，他还有了一个令人羡慕的漂亮女朋友。

于震环在他的博客里写道："我的人生字典里没有妥协，没有认输，人们的排斥只会使我更加充满斗志，人们的目光不会使我受到影响，我把人生比作战场，我一定要赢得最后的胜利，然后带着我深爱的女人和孩子一起去看夕阳。"

虽然依然有人把于震环当"怪物"，仍然有刀子一样的目光从他的身上划过。但现在的"毛孩"对别人的歧视已经有了免疫力。有人劝他去做全身脱毛手术，他却坚决反对，他说："歌谁都会唱，这身毛只有我有。我之所以能有今天，有一点非常重要，那就是从艺后，我没有把上苍对我的赐予，当作废物和累赘。"

所以，困境和缺陷并不可怕。哪怕是一身让人避之不及的烦人的毛发，只要自己不轻薄它，不废弃它，那就是上帝仁慈的恩赐。

上帝给谁的都一样多

上天给撒哈拉披上了一层黄沙，但那只是礼物的包装。因为下面有着世界上最大的宝藏——石油。

　　欧洲国家一位著名的女高音歌唱家，仅仅30岁就已经誉满全球，令许多人羡慕不已。一次，她到外地举办独唱音乐会，入场券早在半年以前就被抢购一空，当晚的演出也受到热烈的欢迎。演出结束后，她和丈夫、儿子从剧场里走出来的时候，歌唱家被早已等候在那里的观众和记者团团围住，人们争着与歌唱家攀谈，大多是赞美和仰慕之辞。

　　有的人羡慕她大学刚毕业就开始走红，进入了国家级的歌剧院；有的人恭维她27岁就成为世界十大女高音歌唱家之一；也有人赞美她有个腰缠万贯的丈夫，还有个脸上总带着微笑的儿子……

　　她默默地听着，没有任何表示。当她等人们把话说完以后，才缓缓地说："谢谢大家对我和我的家人的赞美，我希望在这些方面能够和你们共享快乐。但是，你们看到的只是一个方面，还有一个方面你们没有看到，这就是受到你们夸奖的我的儿子，他是一个不会说话的哑巴。他还有一个姐姐，是一个常年被关在铁窗房间里的精神分裂症患者。"说完，高音歌唱家一脸平静。

　　人们听了她的话，都震惊得说不出来话，面面相觑，一时间都无法接受这个事实。见此情景，歌唱家心平气和地说道："这一切说明了什么呢？这一切说明了一个道理——上帝给谁的都一样多。"

　　听完她的话，人们陷入了认真的思考之中。是啊，上帝给谁的都一样多。只要我们用心观察，就会发现：给了人甜美的嗓音，却很难再给人圆满的幸福。没给你美丽的脸蛋，却会给你智慧的头脑。给了你欢聚的美好，也会给你分别的痛苦。左撇子虽然不便，但却比平常人在创造力方面更有优势。上天不能把人造得十全十美，任何人都不应该是一无是处的。这样的世界，才是真实的，才是多姿多彩的。

耶稣死去的那天是世界上最悲痛的日子，但三天后就是复活节——世界上最快乐的日子！所以，永远要记得，上天是公平的。

享受眼前的幸福

托尔斯泰说："我并不具有我所爱的一切，只是我所有的一切都是我所爱的。"人生是一个追逐幸福的过程，追求是一种乐在其中的幸福，而享受已经拥有的，更是一种唾手可得的幸福。幸福看不见，也摸不着，谁也说不出幸福的颜色和形状，我们只能用心去感受。

诚信日用百货商店是这个小镇的老字号，老板是一个花甲的老人——方老先生，由于他待人热情，商店童叟无欺，小镇上的人都喜欢光顾他的商店，因此商店生意一直很兴隆。

方老先生对会计业务根本不擅长，虽然店面扩充了，但他仍然采用传统的方式来记账：把支票放在一个大信封内，把钞票放在空烟盒里，而到期的账单却都被他插在了票插上。

对于父亲不习惯用账簿记录来往的账目，当会计师的儿子小方有些不理解，有一次问道："爸爸，你平时是怎么记账的，你就不怕赔钱吗，你根本无法核算成本和利润。让我替你设计一套现代化的会计系统吧？"

方老先生笑着说："不必了孩子，我心里有数。"儿子还是不明白："那你平时是怎么计算利润和成本的呢？"

方老先生看了小方一眼，笑道："我小时候生活在农村，一家人生活得非常辛苦，我爸爸去世时只留下一条工装裤和一双鞋给我。后来我离开了那个村子，来到这个小镇上，通过自己的努力，终于攒够钱开了这家百货商店。后来遇到了你母亲，我们很快结了婚，并有了三个孩子，这一切都让我觉得自己太幸福了。现在你们都大学毕业了，而且我的小店也扩张了……"

说到这里，方老先生顿了顿，继续说道："我计算成本和利润的方法很简单，就是把这一切都加起来，然后扣除那条工装裤和那双鞋。"

听完父亲的讲述，儿子终于明白了父亲的想法，良久无语。

名落孙山的人会觉得收到录取通知书是一种幸福，生病的人会觉得健康是一种幸福，食不果腹的人会觉得吃到美食是一种幸福。拥有万贯家产的人让人羡慕，但他们往往觉得平常百姓更幸福，而许多在雨夜中的赶路人，一碗热汤就是他们最大的幸福。

很多人处心积虑想得到幸福，殊不知幸福就在他们身边，就在他们的日常生活中。关键在于他们是否感知到了幸福的存在，是否懂得如何去计算幸福。把眼光从高不可攀的目标放回到自己身边吧，你会发现你从不缺少幸福。

小景是一位资历颇深的公务员，工龄快30年了。他原本是单位主管，业务管辖的人员数约六百人，每天忙得不可开交，也不亦乐乎。

不料自从换了一个最高行政主管，新官上任三把火，他对单位的管理层重新做了调配，把小景扫到了一个小部门，管辖的人数一下子缩减为六十人。对这突如其来的调职，一向工作认真、谨守本分的小景深感委屈，因此大病了一场。

休养好了之后，小景到了新的工作岗位，实在咽不下这口气的他决心要申请提前退休。不过一位同事的话却让他看开了许多，那位同事说："为什么这么生气呢，我倒觉得你应该谢谢这位新主管，你想想，拿一样的薪水，以前你管那么多人，整天没日没夜地工作，现在却可以每天下午四点去打球，这真是正式退休前最好的过渡安排，让你慢慢适应退休生活，生活品质岂不是好多了？这么好的事，很多人求都求不来呢。"

听了同事一番话，小景一下子豁然开朗。回家仔细想过之后，他决定打消提前退休的念头，开开心心地开始享受现在的工作。从此，他的生活轻松又惬意。

　　铁凝在《幸福就是此刻》中说："有人说，幸福的时刻就是加官晋爵时、买房购车后、身体无恙中；有人说最幸福的时刻就是父母双全、爱人平安、孩子快乐、领导待见、粉丝忠诚、仇人遭遣……我能想到的最幸福的事，就是用心享受面前的好茶，让此刻愉快的感觉更醇厚。"

　　是的，其实幸福很简单，就像一个人健康地呼吸，会认为这是天下最自然的事情，但忽然有一天，他的肺部出现问题了，才明白能够自由地呼吸是多么幸福的事情。生命中的健康、自由、亲情、友情、爱情，包括工作，其实这些都是莫大的幸福。